혼들리지 않는 인생 후반을 위한 설계서

퇴직 후 50년

흔들리지 않는 인생 후반을 위한 설계서

퇴직 후 50년

하우석 지음

다온북스
DAON BOOKS

인생은 길어졌다, 질문은 다시 시작된다

인생이 길어졌다.

그러나, 그 길을 어떻게 살아야 하는지는 여전히 아무도 알려주지 않는다.

누군가에게 그 시간은 넉넉한 축복이 되고, 누군가에게는 갑작스러운 공백이 될 것이다.

그 차이를 만드는 기준은 단 하나다.

준비되었는가, 그렇지 않은가.

이 책이 말하는 '퇴직 후 50년'은 특정 세대의 문제가 아니다.

40대에게는 서서히 다가오는 시간표이고, 50~60대에게는 눈앞에 분명하게 놓인 현실이며, 70대 이후에는 삶의 깊이를 결정 짓는 시간이 된다.

결국 이 이야기는 우리 모두가 마주하게 될 '두 번째 무대'에 대한 것이다. 우리는 누구나 언젠가 이 시간을 지나간다.

그래서 질문은 자연스럽게 이렇게 바뀐다.

"앞으로 남은 가장 긴 시간을, 나는 어떻게 살아갈 것인가?"

왜 '50년 프로젝트'인가

기대수명은 90세를 넘어 100세로 향하고 있다.

반면, 사회가 요구하는 '활동의 시기'는 점점 앞당겨지고 있다.

통계청 자료에 따르면, 주된 직장에서의 퇴직 평균 연령은 49.4세에 불과하다.

제도상의 정년 나이와 실제 퇴직 나이에는 상당한 갭이 존재한다. 부정할 수 없는 현실이다.

퇴직 후에도 우리는 30년, 길게는 50년을 더 살아가야 한다.

한때 퇴직은 인생의 끝자락에 놓여 있었다.

그러나 이제 퇴직은 삶의 정중앙이다.

두 번째 인생을 어떻게 설계하느냐에 따라 인생의 모양은 완전히 달라진다.

- **40대는** 앞으로의 시간을 어떻게 구성할지 처음으로 삶의 방향을 묻는 시기다.

- **50대는** 변화의 문 앞에서 삶의 구조와 정체성을 본격적으로 다시 세우는 시기다.
- **60대는** 삶의 의미를 새롭게 조각하며 자신만의 기준을 다듬는 시기다.
- **70대 이후는** 관계의 질과 안정이 삶의 만족을 결정하는 시기다.

각 단계는 다르지만, 한 가지는 같다.

준비하는 사람은 축복으로 걷고, 준비하지 않은 사람은 흔들림 속에 선다.

그리고 그 준비란 사회적 성공을 다시 꿈꾸는 일이 아니라, 앞으로의 삶을 지탱할 최소한의 안전한 기둥들을 차분히 세워가는 일이다.

남은 시간을 '인생 2막'으로 새로 그린다면

나는 수백 명에게서 같은 질문을 들어왔다.

"이 다음의 삶을 어떻게 살아야 합니까?"

어떤 이는 스스로의 쓸모를 의심했고, 어떤 이는 역할을 벗어던지자 다가온 묘한 공허함을 이야기했다.

그 감정은 낯선 것이 아니다.

처음 맞이하는 계절 앞에서 누구나 느끼는 자연스러운 떨림이다. 그리고 그 떨림은 넌지시 알려준다.

잠시 멈춰 있던 삶을 다시 시작하라는 것,

오랫동안 미뤄둔 나를 이제는 꺼내보라는 것.

삶의 후반은 늦은 계절이 아니다. 잘 준비하면 오히려 더 크게 피어나는 봄이 될 수 있다.

몸이 버텨주고, 돈이 불안을 잠재우고, 일이 하루의 리듬을 만들고, 관계가 삶을 지탱해줄 때, 인생의 후반은 안온한 균형 위에 놓인다.

이 책이 당신에게 말하고 싶은 것

이 책은 당신에게 묻지 않는다.

"왜 이제야 준비하느냐"고.

대신 이렇게 말한다.

"지금이라도 시작하면 된다."

우리는 남은 시간을 다시 정돈해야 한다.

관계를 새롭게 바라보고, 일과 돈의 굴레에서 벗어나고, 변화하는 몸과 마음을 돌보고, 다시 배우고 성장하며, 마지막 순간까지 나답게 사는 법을 익혀야 한다.

희망은 누가 건네주는 것이 아니다.

내 안의 작은 불씨를 다시 믿는 순간, 두 번째 인생은 열린다.

40대에게도, 50~60대에게도, 그 이후의 누구에게도 이 문장은 예외 없이 적용된다.

'당신의 인생 2막은 아직 쓰이지 않았다.'

하우석

목차

1장
묻어둔 삶을 정리하다

내가 꾹 참고 산 이유를 적어라

지금 당장 버려야 할 일을 구체화하라

삶의 우선순위를 다시 설계하라

과거에 머무는 시간을 줄이고, 미래를 확장하라

진짜 하고 싶은 일은 퇴직 후에 시작된다

내가 꾹 참고 산 이유를
적어보라

살아온 시간을 돌아보면 어느 순간 문득 이런 생각이 스쳐 지나간다.

'나는 왜 그렇게까지 참고 살아왔을까.'

이 질문은 단순한 회상이 아니라, 오랜 시간 내 안에 자리 잡은 행동의 뿌리를 들여다 보라는 초대장이다. 심리학에서는 이처럼 감정이나 욕구를 오랫동안 눌러두고 살아온 방식을 '정서적 억압'이라고 부른다.

겉으로는 아무렇지 않은 듯 보이지만, 표현하지 못한 감정은 마음속 깊은 곳에서 에너지를 지속적으로 소모시키며 결국 어느 날 큰 피로로 되돌아온다.

억눌린 감정은 사라지지 않는다. 형태만 바뀌어 마음속에 부채처럼 남고, 우리는 그 후폭풍을 언젠가 감당하게 된다.

노년학에서도 비슷한 관찰을 한다. 사람은 중년 이후 자연스럽게 삶을 재정비하는 단계를 맞이하는데, 연구자들은 이 시기를 '심리적 재구성'의 시기라고 부른다.

평생 감춰두었던 감정이 오히려 나이를 먹을수록 더 선명하게 떠오르는 이유가 바로 여기에 있다.

정리되지 않은 감정은 계속해서 삶의 뒤편을 흔든다. 반대로 정리된 감정은 다음 단계로 나아갈 힘이 된다.

그래서 "왜 참았을까?"라는 질문은 후회나 자책이 아니라 앞으로의 20년, 30년, 나아가 50년을 다시 설계하기 위한 첫 점검이다.

자판에 손을 올려놓았다. 그리고 이렇게 서두를 열어보았다.

'난 왜 이렇게까지 참고 살았지?'

이해받지 못한 채 버텼던 순간들. 원하지 않으면서도 받아들였던 선택들. 말을 아끼며 스스로를 눌러왔던 날들.

그땐 그럴 수밖에 없었다고, 책임 때문이었다고, 다른 방법은 없었다고, 나는 그렇게 나 자신을 설득했다.

시인 메이 사튼은 말했다.

"우리가 침묵했던 것들이 결국 우리를 지치게 한다."

퇴직을 앞두게 되면, 인생의 후반에 접어들면, 깨닫게 된다.

참아 넘긴 것들이 마음속에 고요히 퇴적되어 있다는 걸.

억울함도, 미련도, 때로는 습관처럼 굳어버린 체념까지.

겉으로는 멀쩡하게 살아왔지만, 속으로는 침묵의 돌들을 쌓아 왔던 셈이다.

이제 그 돌들을 하나씩 꺼내 적어볼 차례다.

그리고 자신에게 물어야 한다.

'나는 왜 참고 살아왔을까.'

"나도 괜찮은 삶을 살 권리가 있다"

희망퇴직을 선택한 중견기업의 부장 박영진(57) 씨.

한때는 자신의 의견이 묵살 돼도 참고, 회식 자리에서 불쾌한 농담이 오가도 웃는 척했다.

"그땐 그냥, 이게 '가장의 도리'라고 생각했어요. 가끔은 회사를 그만두고 싶다는 생각도 했지만, 저 하나 무너지면 가족이 흔들릴까 봐 그런 마음도 눌렀죠."

몇 년 전 그는 병원 침대에 누워 있었다.

당뇨가 악화돼 몸무게가 15킬로나 빠졌다. 그때 처음으로 거울을 보고 생각했다.

'이게 내가 바라던 모습일까?'

병상에서 그는 작은 수첩을 꺼내 지난 삶을 적기 시작했다. 그리고 알게 되었다.

"한 번도 저를 위한 결정을 해본 적이 없더라고요. 그걸 적으면서 알았어요. 이제는 최소한, '나도 괜찮은 삶을 살 권리가 있다'고 말해도 되겠구나 싶었죠."

심리학에서는 이러한 과정을 '서사적 치유'라고 설명하는데, 자신의 이야기를 언어로 다시 정리하는 행위는 무거운 감정이 구조를 갖추며 이해 가능한 형태로 변하게 한다.

"좋은 엄마로만 남고 싶었어요"

김선희(56) 씨는 오랜 고민 끝에 퇴직을 결심했다.

그동안 직장생활과 주부, 엄마, 며느리까지 여러가지 역할을 해오면서 늘, '나는 괜찮아.'라며 자신을 달래왔다.

그러나 직장 일, 남편 외조, 두 아이 뒷바라지, 시부모의 눈치, 일가친척들의 은근한 평가까지, 뭐 하나 가볍게 지나가는 일이 없었다.

"그러다 어느 날 거울을 봤는데 진심으로 내가 누군지 모르겠는 거예요. 내가 뭘 좋아하는지, 뭘 하고 싶은지도 전혀 생각나지 않았어요."

심리 상담을 받으며 가장 먼저 했던 건 '참았던 순간의 목록' 쓰기였다.

무심코 적기 시작한 목록 속에, 지워졌던 자신이 있었다.

"지금 직장을 그만 두면, 새롭게 도전하고 싶은 일이 있어요. 비록 월급은 적지만, '이건 내 선택이다'라고 말할 수 있는 일이에요."

이는 노년학에서 강조하는 '자기결정성이 회복된 순간'을 보여주며, 중년 이후 삶의 질을 결정짓는 가장 중요한 요소가 '내가 선택한 삶을 살고 있다는 감각'이라는 연구와도 맞닿아 있다.

참는 것이 미덕이던 시절은 이미 지나갔다.

이제는 무엇을 받아들이고 무엇을 거절하며, 무엇을 내려놓을지 스스로 정해야 하는 때가 되었다. 그리고 그 결정의 출발점은 침묵이 아니라 기록이다.

기록은 마음속 깊이 쌓인 감정의 퇴적층을 밖으로 끌어올리는 도구이며, 심리학적으로도 감정 정리, 사고 명료화, 행동 변화로 이어지는 가장 강력한 기제다.

지금 스스로에게 다시 물어야 한다.

'나는 왜 참고 살아왔을까.'

그리고 그 옆에 덧붙여야 한다.

'앞으로도 정말 그럴 필요가 있을까.'

이 질문이야말로 인생 후반을 여는 첫 관문이다.

참아온 시간보다 나를 위해 쓰는 시간이 훨씬 더 소중하다는 사실을 기억하자.

오늘의 실천 ──────────────────────────

오늘, 조용한 시간에 '참았던 순간의 목록'을 적어보자.

그 옆에는 두 가지를 함께 기록해보면 좋다.

- 왜 말하지 못했는지

- 그때 어떤 감정을 느꼈는지

답을 써 내려가는 과정에서 내가 어떤 방식으로 나 자신을 뒤로
미뤄왔는지가 자연스럽게 드러날 것이다.

✳
지금 당장 버려야 할 일을
구체화하라

살아오며 우리는 어느 순간부터 자신이 감당해야 할 일의 경계가 흐려지기 시작한다.

가족을 챙기는 일, 직장과 주변 관계 속에서 맡아온 책임들, 거절하지 못해 떠안게 된 의무들까지. 돌이켜보면 내 선택이 아닌데도 오랫동안 계속해 온 일이 적지 않다.

사회학에서는 이를 '역할 과부하(role overload)'라고 부르며, 중년 이후 가장 삶의 에너지를 잠식하는 요소로 지목한다.

필요하지 않은 일을 계속 붙잡아두면 마음의 여유가 먼저 사라지고, 결국 해야 할 일도, 하고 싶은 일도 모두 희미해진다.

인생 후반의 행복을 결정짓는 핵심 요소 중 하나는 '역할 감축(role reduction)'이다. 오랫동안 유지해 온 역할 중 더 이상 나에게 의미가 없는 것들을 정리할 때, 삶의 에너지가 제자리를 찾기 때문이다.

정리는 저절로 오지 않는다.

첫 걸음은 단순하다.

'버려야 할 일'을 종이 위에 하나씩 구체적으로 적어보는 것이다.

막연히 '그냥 힘들다'고 할 때는 해결되지 않지만, 구체적으로 적는 순간 마음의 무게가 형태를 띠고, 쉽게 다룰 수 있는 '대상'이 된다. 목록 작성이 필요한 이유다.

———

"매달 해오던 일이었지만,

사실은 제 일이 아니었습니다."

정은호(61) 씨는 퇴직 후에도 아파트 단지에서 늘 바쁘게 움직였다.

대표 회의 준비, 단지 행사, 경조사 연락, 주민 중재까지...

'그 사람 아니면 안 돼'라는 말이 따라다녔다.

처음엔 나쁘지 않았다.

퇴직 후 갑자기 비워진 시간을 채우는 데 도움이 되었고, 사람들과 어울리며 얻는 소소한 활력도 있었다.

그런데 시간이 지날수록 하루가 남의 일정으로 가득 차기 시작했다.

몸은 늘 피곤했고, '오늘은 쉬어야 한다'는 마음과 '그래도 내가 해야지'라는 의무감이 충돌했다.

정기 검진에서 주치의는 놀라며 이렇게 말했다.

"퇴직 후, 스트레스가 오히려 느신 거 같아요. 최근 어떤 일들이 부담이 되었는지 적어보세요."

그는 집으로 돌아와 노트를 펼쳤다.

단지 대표 회의 준비, 주민 민원 조율, 경조사 연락 정리, 행사 진행, 최근에 불거진 이전 임원진과의 소송전까지...

목록은 생각보다 길었다.

"이 역할들이 다 나쁜 건 아니었어. 문제는 '내가 다 해야 한다'고 생각한 내 마음이었어."

그는 목록을 세 가지로 나누었다.

내가 하면 좋은 일, 내가 하지 않아도 되는 일, 누군가와 나누면 더 나아지는 일.

놀랍게도 대부분은 두 번째와 세 번째였다.

그는 필수적인 일 몇 가지는 남기고, 나머지 일들은 그대로 내려놓거나 다른 사람과 나누었다.

처음에는 죄책감이 있었지만 몇 달 후 그는 중요한 사실을 알게 되었다.

"제 역할이 줄어들어도 아무 문제 없더군요. 이제야 제가 해야 할 일과 하지 않아도 될 일이 구분됩니다."

퇴직 후의 삶은 모든 역할을 버리는 것도, 다시 떠안는 것도 아니다.

내가 감당할 수 있는 만큼만 유지하고, 과한 역할은 덜어내며, 새로운 시간의 질서를 재편하는 과정이다.

그는 마지막에 이렇게 말했다.

"퇴직 후 제일 큰 변화는 일의 양이 아니라, 일을 바라보는 기준이 생겼다는 겁니다. 그 기준이 생기니 제 하루가 다시 제 것이 되더군요."

정리하지 않은 의무는 계속해서 마음의 자원을 잠식하고, 내가 해야 할 일과 하고 싶은 일을 흐리게 만든다.

그래서 '지금 당장 버려야 할 일'을 적는 일은 단순한 정리가 아니라 삶의 우선순위를 다시 설계하는 과정이다.

문제를 적는 순간, 이미 마음은 가벼워진다

이때 중요한 것은 '구체성'이다.

막연하게 '일이 많다'고 적는 것이 아니라, 어떤 일이 더는 나에게 도움이 되지 않는지, 어떤 관계가 의무감으로만 유지되고 있는지를 정확히 구분해야 한다.

심리학적으로도 구체화된 문제는 마음이 감당할 수 있는 크기로 줄어든다.

그래서 목록 작성은 '문제를 잘 적는 행위'인 동시에 '마음을 가볍게 만드는 행위'이기도 하다.

지금, 종이에 이렇게 적어보자

'내가 당장 내려놓아야 할 일은 무엇인가?'

이 질문은 앞으로의 삶에서 무엇을 챙기고 무엇을 덜어낼지를 결정하는 핵심 나침반이 된다.

삶의 구조는 더하기보다 빼기에 의해 재정렬된다.

오늘의 실천 ─────────────────────────────

오늘, 해야 할 일을 적기 전에 버려야 할 일을 먼저 적어보자.

– 내가 하지 않아도 되는 일

– 관성 때문에 억지로 유지한 역할.

– 의무감만 남은 관계.

– 나에게 돌아오는 게 없는 소모적 활동.

오늘은 단 하나만 지워보라.

오랫동안 붙잡아온 일 하나만 내려놓아도 당신의 하루는 가벼워진다.

✳
삶의 우선순위를 다시 설계하라

퇴직할 나이가 되면 시간에 대한 감각이 서서히 달라진다.

예전에는 '언젠가' 할 수 있을 것 같았던 일들도 이제는 '지금' 하지 않으면 놓칠 수 있는 일처럼 느껴진다.

이 시기는 하고 싶은 일을 모두 담는 시간이 아니라, 무엇을 먼저 해야 하는지 선택하는 시간이 된다. 그런데 막상 우선순위를 정하려고 하면 선뜻 답이 나오지 않는다.

우리는 오래도록 '해야 하니까 하는 일', '남들도 하니까 따라가는 일'에 익숙해져 있었다.

사회가 만들어둔 기준에 자신을 맞추며 살다 보니, 진짜 내 우선순위가 무엇인지 묻는 법을 잊고 산 것이다.

고대 철학자 아리스토텔레스는 '인간의 삶은 목적을 향해 나아갈 때 비로소 완성된다'고 했다.

목적이 선명해야 하루는 방향을 갖게 된다.

자신의 삶을 '소진'이 아니라 '집중'으로 살고 싶다면, 남은 시간에 무엇을 담을지 그 순서를 다시 정해야 한다.

"우선순위에서 항상 나 자신을 빼놓고 살았더라고요"

최정화(54) 씨는 고등학생 두 아이를 둔 워킹맘이다. 그녀의 하루는 다른 사람을 위한 일들로 촘촘하게 채워져 있었다.

아침에는 아이들 아침을 챙기고, 낮에는 회사 업무에 매달리고, 퇴근 후에는 가족 저녁상까지 챙겼다. 주말이면 밀린 집안일로 하루가 다 사라졌다.

어느 날 그녀는 상담사의 권유로 자신의 하루 일과를 시간 단위로 기록했다.

결과는 충격적이었다.

"저를 위한 시간이 하나 없더라고요. 그걸 본 순간 눈물이 날 뻔했어요."

그날 이후 정화 씨는 아주 작은 실험을 하나 시작했다.

매주 금요일 퇴근 후 오롯이 자신만을 위한 시간을 만들기로 한 것이다.

그 시간에는 서점에 가기도 하고, 카페에서 글을 쓰기도 하고, 좋아하던 발라드 가수의 공연을 혼자 예매해 다녀오기도 했다.

불안이나 죄책감이 찾아올 줄 알았지만 오히려 정반대였다.

"나를 챙기니까 신기하게 가족에게도 더 여유롭게 대하게 되더라고요. 내 일상 안에서 '나'를 빼놓으면 삶 전체가 무너진다는 것도 그때 처음 알았어요."

그녀는 이제야, 정말 홀가분한 마음으로 '쫓겨나는 듯한 퇴직'이 아니라 '자발적이고 계획적인 퇴직'을 생각하게 되었다.

여러 연구에서 반복적으로 확인된 바와 같이 '자기 돌봄(self-care)'이 먼저 이루어질 때 관계의 질도 함께 좋아진다.

우선순위에서 '나'를 지워버린 삶은, 결국 누구에게도 도움이 되지 않는 삶이라는 뜻이다.

"돈, 일, 건강의 순서를 바꾸니 인생이 달라졌습니다"

소규모 건축사무소를 운영하는 정용필(60) 씨는 일 년 후 은퇴를 생각하고 있다.

사업 초기에는 늘 돈이 우선이었다.

그래서 건강도, 가족도, 주말도 뒤로 밀려났다. 그는 '지금 벌어야 미래가 편하다'고 믿었고, 그 믿음은 20년 가까이 흔들리지 않았다.

하지만 3년 전 허리 디스크 수술을 하면서 삶의 우선순위가 송두리째 바뀌었다.

입원실에 누워 그는 생각했다.

'내가 번 돈이 내가 무너졌을 때 나를 대신 일으켜 세워줄까?'

"아니라는 걸 그 자리에서 알겠더라고요."

퇴원 후 그는 결단했다.

고정 수입이 줄어드는 것을 감수하더라도 '오후 3시 이후에는 일하지 않기', 그리고 '재활 운동과 물리치료를 삶의 1순위로 배치하기.'

주변에서는 '비효율적'이라고 했지만, 그는 오히려 그 선택 이후 삶이 더 안정되었다고 말했다.

"건강을 우선순위에서 뒤로 미루면 결국 언젠가 삶 전체가 멈추더라고요. 저는 이제야 알게 됐습니다. 저를 먼저 챙겨야 내 삶을 온전하게 누릴 수 있다는 걸요."

노년학 연구에서도, 중년 이후 삶의 만족도가 높은 사람들은 예외 없이 '건강 → 관계 → 일'의 순서를 유지하는 이들이다.

돈과 일로 삶을 채우는 전략은 40대까지의 전략이고, 50대 이후에는 '지속 가능한 삶의 구조'를 만드는 것이 핵심 전략이다.

우선순위를 다시 짠다는 것은 단순한 일정 조정이 아니라, '내가 어떤 목적을 향해 살고 싶은가'를 다시 묻는 일이다.

그 질문은 한 가지다.

'지금 쓰는 시간이, 내가 중요하게 여기는 삶과 연결되어 있는 가?'

많은 중년이 이 질문 앞에서 잠시 멈춘다.

우선순위를 바꾸는 순간 삶의 무게 중심이 이동한다.

핵심과 비핵심이 구분되고, 시간과 에너지의 흐름이 다시 정렬된다.

오랫동안 나를 뒤로 미뤄온 삶에는 반드시 한계가 온다.

이제는 인생의 목록에서 '나'를 가장 앞줄로 옮겨놓아야 한다.

오늘의 실천 ———————————————————

오늘 하루를 시간 단위로 기록해보자.

그리고 그 안에 '나를 위한 시간'이 있는지 확인하자.

그다음, 단 세 가지의 순서만 바꿔보자.

– 가족보다 나를 먼저

– 일보다 건강을 먼저

– '해야 한다'보다 '하고 싶다'를 먼저

우선순위의 작은 이동이 삶의 방향을 크게 바꿔준다.

*

과거에 머무는 시간을 줄이고, 미래를 확장하라

나 역시 지금 삶의 전환기에 서 있다.

중년 이후 새로운 국면을 준비하는 과정은, 누구에게나 자신의 시간을 다시 바라보게 만드는 시기다.

퇴직의 문턱에 서면 한 번쯤 이 질문과 마주하게 된다.

'지난 세월 난 무엇을 남겼나?'

젊은 날의 선택, 놓친 기회, 실패의 기억, 후회들이 두드러진다.

그래서 많은 이들이 말한다.

"과거 생각만 하다 하루가 가버렸어요."

그러나 그 시간은 우리를 앞으로 밀어주지 않는다.

퇴직 이후의 삶은 '회상'이 아니라 '설계'의 시간이 되어야 한다.

과거는 들여다볼수록 커지고, 미래는 그만큼 작아진다.

그래서 우리는 과거의 비중을 줄이고 앞으로 열어갈 페이지의 비중을 늘려야 한다.

고대 로마의 철학자 마르쿠스 아우렐리우스는 말했다.

"과거를 후회하지 말고, 미래를 두려워하지 말며, 현재와 그다음에 쓸 페이지를 준비하라."

이미 끝난 장면을 붙들고 있을 필요는 없다.

우리에게 필요한 일은 다음 장면을 준비하는 일이다.

저녁시간은 '미래의 페이지'를 위해

강진호(55) 씨는 광고대행사에서 25년을 일했다.

다른 기업에 흡수 합병되기 전에 회사를 나왔지만, 그 선택을 오래도록 후회했다.

"사표를 낸 다음 날부터 지금까지 '그때 다른 선택을 했더라면…' 하며 살았어요. 다른 동기와 후배들은 계속 성장하는데, 나만 뒤처진 듯한 기분이었죠."

그를 바꾼 건 후배의 말이었다.

"선배는 과거를 너무 대우해요. 미래도 그만큼 대우해 줘야죠."

그 말이 마음에 오래 남았고 그날 이후 그는 '미래의 페이지'를 늘리는 연습을 시작했다.

과거를 곱씹던 저녁 시간을 '앞으로 10년을 준비하는 시간'으로 바꿔보기로 한 것이다.

작게는 여행지 리스트를 만들고, 크게는 다시 해보고 싶은 일들을 메모장에 적었다.

"뭐가 될진 모르겠지만, 그 시간을 보내는 동안만큼은 다시 살아 있다는 느낌이 들었어요."

과거에 오래 머물수록 미래는 흐려진다

조창현(57) 씨는 퓨전 레스토랑을 운영하다 여러 가지 문제로 문을 닫았다.

폐업 이후 그는 매일 밤 같은 생각을 반복했다.

"그때 동업만 안 했더라면"

"그때 매장 확장만 안 했더라면"

지난 날에만 얽매일 뿐, 새로운 일은 그 어떤 것도 손에 잡히지 않았다.

전환점은 우연히 들은 강연에서였다.

"노년은 후회를 접는 연습입니다."

그 말이 마음을 강하게 울렸고 '이러다 정말 아무것도 못 하겠구나'라는 두려움이 밀려왔다.

그날 이후 그는 일명, '새출발 노트'를 쓰기 시작했다.

'다시 창업을 한다면'이라는 제목 아래 매일 아이디어를 적었다.

두 달 뒤, 그는 작은 푸드트럭 창업에 도전하게 되었다.

"과거에 집중할수록 미래가 희미해진다는 걸 절실히 깨달았어요."

우리는 너무 오랫동안 과거에 시간을 쓰는 데 익숙해져 왔다.

그러나 그것은 돌아갈 수 없는 시간에 에너지를 주는 일이다.

심리학에서는 같은 생각을 반복하는 현상을 '반추(rumination)'라고 부른다. 이는 감정을 정리하기보다 불안을 키우고, 행동을 멈추게 만드는 경향이 있다.

반추는 시간을 과거에 묶어두는 반면, 계획은 시간을 미래로 돌린다.

그래서 중년 이후 삶의 질은 '반추에 쓰는 시간'보다 '계획에 쓰는 시간'이 얼마나 많은가에 따라 극명하게 달라진다.

우리가 살아야 할 인생은 아직 쓰이지 않은 페이지에 있다.

그 페이지를 구체적으로, 즐겁게, 그리고 용기 있게 채워나가야 한다.

지금 이 순간, 마음이 어제에 머물러 있다면 그 매듭을 풀어, 오늘의 계획으로 방향을 돌려보자.

오늘 하루, 과거를 되돌아보는 시간보다 앞으로의 삶을 그리는 데 조금 더 많은 마음을 써보자.

미뤄두었던 작은 바람 하나를 꺼내 지금, 첫 페이지를 적어보자.

내가 향하는 방향이 곧 내가 살아갈 시간이 된다.

✳
진짜 하고 싶은 일은
퇴직 후에 시작된다

인생의 후반부 앞에서 사람들은 종종 이런 말을 한다.

"이제 와서 뭘 새로 시작해."

"나이가 몇인데, 너무 늦은 거 아닌가."

인생을 길게 보면, 퇴직은 무대의 끝이 아니라 '무대 전환'이다.

우리에게는 여전히 30년, 길게는 50년의 시간이 남아 있다.

의무와 책임으로 채워졌던 전반부를 지나고 나서야 '내가 원하는 삶'을 중심에 둘 수 있는 시기가 온다.

오히려 지금이 가장 안정적인 출발점이다.

가족도 챙겼고, 커리어도 마무리했고, 인생의 기반도 이미 충분히 다져놓았다.

이제는 나에게 맞는 일을 선택할 수 있는 처음이자 마지막의 시간이다.

하고 싶은 일을 다시 시작하는 일은 단순한 취미 찾기가 아니다. 후반 생애의 '정체성을 다시 쓰는 행위'다.

하버드대학의 성인 발달 연구는 이렇게 말한다.

"중년 이후의 성장은 '하고 싶은 일'을 발견하는 순간 새롭게 시작된다."

삶의 의미는 하고 싶은 일을 붙잡는 그 순간 다시 심장까지 꽂히는 법이다.

――――

"그 시간을 보내면, 내가 사라지지 않는 느낌이 듭니다"

이재혁(57) 씨는 은행원으로 30년 가까이 일했다.

세 아이를 키우고, 집을 마련하고, 책임을 다하며 살아냈다.

겉으론 안정돼 보였지만, 마음속 한쪽은 늘 비어 있었다.

"20대 때 기타 치면서 곡을 만들던 제가 있었어요. 언젠가 다시 하고 싶다고 생각했지만, 그 '언젠가'는 한 번도 오지 않더라고요."

그러다 퇴직을 앞두고 아내의 권유로 기타를 다시 잡았다.

혼자 곡을 쓰고 연주하는 시간은 누가 들어주지 않아도, 환호해주지 않아도 그걸로 그저 좋았다.

"그 시간이 있으면, 내가 사라지지 않은 느낌이 들어요. 그게 너무 고맙더라고요."

누군가에게 들려주기 위한 음악이 아니라 '내가 살아있다는 증거'를 되찾는 시간이었다.

"은퇴 후에도 사람을 돕고 싶어서 공부를 시작했어요"

서경희(58) 씨는 교직 생활을 30년 넘게 이어왔다.

이제 퇴직을 2년 앞두고 있다.

그녀는 최근 주말을 활용해 평생교육원에서 심리 상담 과정을 듣기 시작했다.

오랜 세월 생각만 하다가 바쁘단 핑계로 미루어왔던 공부다.

"퇴직하면 뭘 할까, 고민이 많았어요. 그때 떠오른 게 '사람을 돕는 일'을 계속하고 싶다는 마음이었죠."

교실에서 아이들을 가르치는 자신과 퇴근 후 강의실에서 배우는 자신이 묘하게 자연스럽게 이어졌다.

"늦게 시작했지만, 앞으로의 20년이 전보다 더 의미 있을 것 같아요. 이제라도 나를 준비시키는 내가 참 든든해요."

퇴직 후의 공부는 '뒤늦은 도전'이 아니라 '앞으로의 20년을 설계하는 기술'에 가깝다.

"사진은 저를 멈추게 했고, 그 멈춤이 제 삶을 바꿨어요"

김석진(59) 씨는 대기업 영업 부장으로 30년을 일했다.

성과와 목표가 그의 전부였고, 출장지 호텔에서도 보고서를 다듬던 사람이었다.

"사진 좋아했지만, 은퇴하고 천천히 하자고 넘겼었죠."

그러다 1년 전, 딸이 생일 선물로 준 카메라로 은행잎이 떨어지는 장면을 찍던 순간 그는 이상한 울림을 느꼈다.

"처음으로 '이 장면을 나만 알고 싶다'는 생각이 들었어요."

그날 이후 그는 매주 일요일 새벽 혼자 카메라를 메고 이곳 저곳을 걷는다. 걷고, 멈추고, 숨을 고르고, 기록하는 법을 배웠다.

요즘은 블로그에 사진 일기를 기록하며, 퇴직 후의 삶에 새로운 길을 열어가고 있다.

"사진은 저를 멈추게 만들었고 그 멈춤이 지금의 저를 다시 살게 했어요."

하고 싶은 일은 단순한 취미가 아니라, 후반 생애를 지탱하는 '내적 지속력의 기둥'이다.

하고 싶은 일을 다시 시작하는 순간 삶은 뒤로 흐르는 것이 아니라 앞으로 확장되기 시작한다.

앞으로의 시간은 생각보다 길다.

그 시간을 무엇으로 채우느냐가 남은 인생의 질을 결정한다.

남의 인정이 없어도, 돈이 되지 않아도, 내가 좋아하는 일 하나가 인생 후반의 중심을 바꾸고 앞으로의 나를 지켜주는 가장 든든한 기반이 된다.

오늘의 실천 ———————————————————————

지금 떠오르는 '하고 싶은 일'이 있는가.

명산 오르기, 드럼 연주하기, 유화 그리기, 기사 자격증, 스페인어, 요가, 자원 봉사....

어떤 것이든 괜찮다. 아주 작게라도 시작해보라.

10분이든, 한 페이지 기록이든, 검색 한 번이든 괜찮다.

퇴직 후 50년은 '지금부터의 선택'으로 완성된다.

오늘 가장 먼저 떠오른 그 바람이 앞으로의 10년을 완전히 달라지게 할 것이다.

2장
관계는 다시 써야 오래간다

불편한 인연은 품위 있게 정리하라

자식과도 함께 나이 들어야 한다

배우자는 맞서기보다 맞춰가는 사람이다

'말하지 않아도 아는 사이'라는 환상을 버려라

고마운 사람에게는 지금 연락하라

✱
불편한 인연은 품위 있게 정리하라

사람을 잃는다는 건 왜 이렇게 두려운가.

관계가 끝난다는 사실은 왜 뭔가 잘못된 선택처럼 느껴질까.

우리는 스스로를 잘 알고 있다고 믿지만, 정작 '끝내야 할 사람' 앞에서는 이상하리만치 머뭇거린다.

감정은 이미 문을 닫았는데도 예전의 추억과 시간의 길이에 눌려 붙잡고, 버티고, 견디며 관계를 조금씩 소모해간다.

하지만 오래된 관계가 반드시 좋은 관계는 아니다.

단지 관성으로 이어가는 관계는 더 이상 우리를 살리지 못하고, 마음속에 천천히 침전물을 쌓아 삶의 투명도를 흐려놓는다.

관계에도 조용한 죽음이 있다.

누구에게도 알리지 않았지만 이미 마음이 떠난 뒤, 형식만 남아 이어지는 관계들이 그렇다. 이때 필요한 것은 마음속에서 고요하게 치르는 '장례'다.

끊어야 할 사람을 끝까지 붙드는 이유

관계의 끝을 인정하지 못하면 그 관계는 어느새 우리의 시간과 에너지를 갉아먹는 그림자로 남는다. 우리가 중년 이후 겪는 피로의 상당수는 사람 때문이 아니라 끝내야 할 것을 끝내지 못해서 생긴다.

지쳤다, 힘들다, 불행하다 느끼지만 사실은 오래전부터 애써 덮어둔 관계가 그 감정의 근원일 때가 많다.

주변에서 흔히 볼 수 있는 '뿌리치지 못하고 있는' 사례들이다.

- 금전적 · 정신적 손해가 반복되는데도 '이제 와서 멀어지기 어렵다며',
- 매번 무시당하면서도 '오래본 사람'이라는 이유로,
- 만날 때마다 기운을 빼앗기면서도 '괜히 상처 줄까 봐',

끊는 게 나을 관계를 억지로 붙잡는다.

심리학은 이 현상을 명확하게 설명한다.

불안정한 애착을 가진 사람은 관계의 끝을 곧 '자기 존재의 위협'으로 받아들이기 쉽다. 그래서 상대가 떠나면 자신도 덜 가치 있는 사람이 된 듯 느끼기 때문에, 끊어야 할 관계까지 붙들곤 한다.

행동경제학은 이를 더 차갑고 명료하게 말한다.

사람은 '손실회피'를 본능적으로 따른다. 새로운 관계에서 얻을 수 있는 이익보다 지금 관계를 잃을 때의 고통을 훨씬 크게 느끼기 때문이다.

몽테뉴는 말했다.

"사람은 떠나보내야 할 사람들을 붙잡는 데 삶의 절반을 허비한다."

이 한 문장이 바로 우리가 중년 이후 마주하게 되는 현실을 꿰뚫는다.

관계는 시간으로 평가하는 것이 아니다. 그 관계가 나에게 어떤 감정을 남기는지, 그 결이 더 중요하다.

떠나보낼 사람을 붙드는 것은 인간미가 아니라, 습관적인 지연일 때가 많다.

관계를 거두어내는 용기

이현우(61) 씨는 정년 퇴직 후, 마음속에 쌓여 있던 무거운 짐 하나를 내려놓았다.

30년 넘게 알고 지낸 친구였지만 만날 때마다 들리는 건 불만, 비난, 과한 요구뿐이었다. 그와의 만남이 즐거웠던 시기가 언제였는지 기억조차 나지 않았다.

"참 이상했어요. 제가 그 사람을 만나는 이유가 그저 '친구라서' 뿐이라는 걸 그제야 깨달았죠."

그는 어느 날 자리에 앉아 그 친구와의 대화를 하나씩 떠올려 봤다.

만나기 전부터 마음이 답답했고, 만나고 돌아오는 길엔 늘 기운이 빠져 있었다.

몸이 이미 오래전부터 신호를 보내고 있었던 것이다.

그래서 그는 점차 거리를 두기 시작했다. 전화를 바로 받지 않았고, 메시지는 예전처럼 길게 답하지 않았다.

몇 달이 지나자 관계는 자연스럽게 자리를 잡았다.

"그 친구와 멀어진 뒤에서야 알았어요. 누군가가 떠나도 외롭기보다는 오히려 삶이 가벼워질 수 있다는 걸요."

관계를 계속 유지하는 것만이 성숙함은 아니다.

떼어내야 할 것을 떼어내는 것도 성숙함이다. 그것은 차가움이 아니라, 나를 향한 최소한의 예의다.

관계를 정리한다고 해서 인생이 비어버리는 것은 아니다.

오히려 남아 있는 관계가 더 선명해지고, 새로운 인연이 들어올 공간도 생긴다.

이제부터 반드시 익혀야 할 기술은 '관계에 여백을 두는 법'이다. 관계의 빈칸은 공허가 아니라, 더 나은 인연을 초대하는 자리다.

오늘, 깊이 생각해보자.

관성 때문에 붙잡고 있던 사람이 있는가.

그 이름을 종이에 적고 그에게서 한 걸음 뒤로 물러설 작은 행동을 선택해보자.

바로 답하지 않기, 연락 주기 늘리기, 불필요한 만남 거절하기 등. 서서히 거리를 두는 것, 그것이 관계를 가장 품위 있게 마무리하는 방식이다.

✱
자식과도 함께 나이 들어야 한다

나이가 들수록 몸보다 먼저 변하는 것은 마음의 그림자다. 어느 날 문득 거울을 보다 "아, 내가 정말 나이를 먹어가고 있구나" 하고 느낀다.

그런데 이상하게도, 자식과의 관계에서는 그 사실을 잘 인정하지 않는다.

아이의 모든 게 변했는데 나와 아이의 관계는 여전히 '예전의 역할'에 머물러 있기 때문이다. 그 아이는 이미 성인이 되었고, 저마다의 세계를 꾸려가고 있음에도 우리는 여전히 예전처럼 걱정하고, 확인하고, 조언하려 든다.

"지금 그러고 있을 때가 아니야."

"내가 네 나이 때는 말이야..."

자식이 성장했다고 해서 부모의 마음이 바로 따라가는 것은 아니다. 문제는 부모의 마음이 변하지 않으면 관계는 반드시 불균형을 겪는다는 점이다.

심리학에서는 이를 '관계 고착'이라 부른다.

한쪽은 변했지만, 다른 한쪽은 예전의 패턴을 반복할 때 벌어지는 일이다.

당신이 나이가 들 동안, 아이도 같은 시간 동안 나이가 들었다. 어쩌면 성장의 폭은 부모의 그것보다 더 클 수 있다. 이런 자각 이후부터, 부모는 자식을 '이끌어야 할 존재'가 아니라 '함께 나이 들어가는 동반자'가 되어야 한다.

아빠로부터 떨어져 사는 게 소원이라는 두 아이

최근 상담을 한 61세 남성은 이렇게 속마음을 털어놨다.

"아이가 둘 있는데, 첫째는 외국 나가 살겠다며 떠났고, 둘째는 같은 서울에 살면서도 군이 독립해 나갔어요. 같이 살 때도 살갑게 굴지 않더니만, 이제는 연락도 뜸하고 남이 된 거 같아요."

잠시 후, 따로 상담한 그의 아내는 이런 내막을 들려주었다.

"애 아빠만 몰라요. 두 아이 모두 아빠로부터 떨어져 사는 게 소원이었어요. 아이들의 일거수일투족에 참견하고 맘에 안 들면 고함을 지르니 함께 살 수가 없죠. 안타까운 현실이죠."

겉으로는 '서운한 부녀 관계'처럼 보였지만, 실제 문제는 오랜 시간 쌓인 부녀간의 소통 방식의 문제였다.

독일의 철학자 괴테는 말했다.

"부모가 자녀에게 남겨줄 가장 위대한 유산은 그들이 스스로 날 수 있도록 놓아주는 일이다."

우리는 날개를 달아주고도, 그 날개가 혹시 부러지지 않을까 걱정해 날아오르는 순간조차 붙잡으려 한다. 부모의 역할은 그들이 날아오르는 모습을 지켜볼 용기를 갖는 데 있다.

———

"아들은 이미 어른이었는데, 나만 과거에 머물러 있었다"

몇 해 전 퇴직한 명은식(63세)씨는 평생 제조업에서 일하며 '가장의 책임감'으로 버텨온 사람이다.

근래 들어 그에게 가장 충격적이었던 순간은, 30대가 된 아들이 직장에서 힘든 일을 겪고 있으면서도 정작 자신에게는 아무 말도 하지 않았다는 사실이었다.

"왜 얘기 안 했냐고 물었더니, '아버지는 늘 답을 정해놓고 말씀하시잖아요' 하더군요. 그 말이 참 서운하면서, 또 부끄러웠습니다."

은식 씨는 그제서야 깨달았다.

'도와주겠다'는 명분으로 그는 늘 결론부터 말했고, 아들의 선택에도 지나치게 개입해왔다.

경험이라는 갑옷이 어느새 아들의 마음을 막는 벽이 되어 있었던 것이다.

그는 그 후로 말을 줄이고, 질문부터 건네는 연습을 했다.

조언 대신 '어떤 생각이 드냐', '어떻게 하고 싶으냐' 같은 중립을 지키는 말부터 먼저 꺼냈다.

"그랬더니 신기하게도, 아들이 먼저 얘기를 해요. 그리고 제가 아무 말도 안 해도 곁에 있어주는 것만으로도 고맙다 하더군요."

부모가 '답을 말하는 사람'에서 '듣는 사람'으로 변할 때, 아이는 다시 부모에게 마음을 연다.

"딸의 연애에 왜 내가 더 흥분했을까"

김연주(57세)씨는 외동딸이 서른에 가까워지자 결혼 이야기를 은근히 꺼내곤 했다.

하지만 딸은 대화를 피했고, 그러던 어느 날,

"엄마는 왜 항상 나를 조급하게 만들어?"라는 말을 남기고 방문을 닫았다.

그 말은 마음에 깊이 박혔다.

연주 씨는 한참을 생각했다.

'나는 단지 딸이 안정적인 삶을 살았으면 했을 뿐인데, 어쩌다

그 마음이 부담이 되었을까?'

그녀는 그때 처음으로 자신의 '기대'가 딸의 삶을 향한 지나친 개입이었다는 사실을 깨달았다.

그 후로 연주 씨는 대화의 방식부터 바꾸었다.

딸의 인생 계획을 묻는 대신 가볍고 자연스러운 이야기, 최근 읽은 책, 직장에서 생긴 작은 일, 요즘 화제가 되는 드라마 같은 주제로 말을 열었다.

그러자 딸도 조금씩 눌러놓았던 마음의 문을 열었다.

"엄마, 나 요즘 이런 사람이랑 만나기 시작했어."

딸이 처음으로 연애 이야기를 꺼내는 순간, 연주 씨는 깨달았다. 조급함이 아니라, 자녀에게 '존중받는 느낌'을 주는 것이 부모의 역할이라는 걸.

관계는 통제에서 깊어지지 않는다.

존중할 때 자란다.

함께 어른이 되는 관계의 힘

부모라는 이름은 평생 변하지 않지만 그 안에 담긴 역할은 나이에 따라 변해야 한다.

자식을 여전히 '내가 키운 아이'로만 대하면 관계는 지속되지 못하고 그 자리에 멈춰 버린다. 반대로 자식을 '함께 나이 들어가는 사람'으로 바라보면 그때부터 새로운 관계가 열린다.

발달심리학에서도 중년 이후의 부모-자녀 관계를 '동반자적 재구성' 단계로 본다. 자식이 독립해 가는 만큼, 부모도 독립해야 한다.

부모는 여전히 중요한 존재지만 이제는 짐이 아닌 '편히 기대어 쉬어갈 수 있는 사람'으로 기능해야 한다.

그것이 인생 후반부 관계의 이상적인 모습이다.

발달심리학의 대가인 에릭 에릭슨은 지켜보는 역할의 중요성을 강조했다.

"중년의 과제는 다음 세대를 돕고, 그들의 삶을 지켜봐 주는 일이다."

그들의 곁에서 함께 나이 들어주는 것만으로도 우리는 이미 역할을 충분히 수행하고 있는 것이다.

우리는 그렇게, 부모이면서도 한 사람으로서 천천히 서로의 속도를 맞추며 살아간다.

오늘, 자식에게 어떤 말을 하고 있는가?

걱정이라는 이름으로 조언만 건네고 있진 않은가?

오늘은 다정한 질문 하나만 해보자.

"요즘엔 어떤 데 관심이 가니?"

이 한 문장이 부모와 자식 사이에 새로운 문을 열어줄 것이다.

✽
배우자는 맞서기보다
맞춰가는 사람이다

퇴직을 전후해 가장 먼저 흔들리는 관계는 의외로 '배우자'다.

아내 입장에서는 오랜 시간 집에 머무는 남편의 모습이 낯설다.

남편에게는 전과 다르게 깊어진 아내의 간섭이 불편하게 다가온다.

기대는 방식이 다르고, 말투도 다르다 보니, 오랜 세월 눌러두었던 감정이 수면 위로 올라온다.

"이 사람과 남은 인생을 어떻게 살아야 하지?"

이 질문이 농담이 아니라 현실이 되는 나이, 바로 50~60대다.

무엇보다, 하루의 대부분을 함께 보내야 하는 상황이 찾아오면 부부 관계는 생각보다 훨씬 빠르게 재정비를 요구받는다.

누군가는 불편함을 말하지 못해 속으로 삭이고, 누군가는 예민해진 마음을 주체하지 못해 갈등과 충돌이 잦아진다.

그래서 퇴직 이후 부부 관계는 '사랑'의 문제가 아니라 '거리 조절'의 문제로 넘어간다.

변화된 배우자를 받아들이는 기술

한때 우리는 연인이었다.

눈만 마주쳐도 웃음이 나고, 손이 닿기만 해도 하루의 피로가 녹아내리던 시절이 있었다.

그런데 결혼이라는 긴 시간은 어느 순간, 사랑하던 사람을 함께 가는 동반자가 아니라 '고쳐야 할 대상', '바꿔야 할 사람'으로 바라보게 만든다.

말은 설명이 되고, 설명은 지적이 되고, 지적은 결국 싸움이 된다.

부부가 오래 함께할수록 듣기보다 예측이 앞서고, 이해보다 판단이 빨라지고, 함께 바라보기보다 '내 방식'이 강해진다.

그래서 우리는 같은 집에 살면서도 서로 다른 언어를 쓰는 사람처럼 멀어진다.

프랑스 작가 프레데리크 베그베데의 말이 오래 남는다.

"사랑은 함께 늙어가는 데 있다."

여기서 말하는 '함께 늙어간다'는 것은 변화한 서로를 다시 받아들이는 기술에 가깝다.

결혼은 결국 '이기는 게임'이 아니라 두 사람이 함께 버티며 조정해 가는 '호흡의 기술'이다.

특히 퇴직 이후에는 부부 둘만의 케미스트리가 삶의 만족도를 크게 가른다.

부부는 큰일 때문에 싸우지 않는다.

대부분은 사소한 일에서 금이 간다.

국이 싱겁다거나, 설거지를 누가 어떻게 했는지, TV 소리가 크다거나, 하루에 몇 번이나 부딪히는 동선, 문을 왜 쾅 닫았는지 같은 아주 작은 일들이 화근이 된다.

그때 필요한 해법은 '누가 옳으냐'가 아니라 '우리가 함께 보내는 하루를 어떻게 조율해 갈까?'라는 질문이다.

생활 리듬을 함께 맞추어가는 기술을 배운 부부는 퇴직 이후 훨씬 안정적인 관계로 이어진다.

대화가 아닌 논쟁에 지쳐 있던 부부

채상호(62세) 씨는 퇴직 이후, 알 수 없는 상실감으로 인해 신경이 날카로워졌다. 그래서인지 최근 들어 아내와 마찰이 잦아졌다.

"솔직히 집사람이 뭐라고 하면 전에 비해 예민하게 반응하게 돼요. 그게 싫어서인지 집사람의 말수가 줄었고, 결과적으로 점점 멀어지는 게 느껴져요."

오랜만에 만난 친구가 조심스럽게 물었다.

"혹시 네 말투가 '지시형'은 아니었니?"

그 말에 상호 씨는 순간 멍해졌다.

실제로 그가 쓰던 표현은 이랬다.

"그거 처리했어?",

"왜 그렇게 했어?",

"내 말대로 좀 하라니까."

아내에게 의견을 묻기보다 평가하고, 판단하고, 교정하려는 말투였던 것이다.

그날 이후 그는 말을 고쳐보기로 했다.

상대의 말을 끊지 않고 끝까지 듣고, "내 생각은 이런데, 당신은 어때?"라고 조심스럽게 화법을 바꾸었다.

얼마 지나지 않아 아내가 먼저 말했다.

"당신 요즘 말투가 좀 달라졌어. 예전보다 훨씬 부드럽고 나를 존중하는 느낌이야."

상호 씨는 말했다.

"말 한마디만 바꾼 거 같은데, 우리 집 공기가 달라졌어요. 요즘 은 집에 있는 시간이 훨씬 더 편안해졌어요."

결혼 연구로 유명한 고트먼 연구소는 "부부 만족도는 큰 사건이 아니라, 일상의 작은 교류 패턴이 결정한다"고 말한다. 즉, '말투'와

'생활 리듬'이 관계의 질을 좌우한다.

결국 터진 아내의 눈물, 그리고 속마음

이재훈(62세) 씨는 10년 전 사업이 무너지면서 길고 침울한 시간을 보냈다.

그동안 아내는 식당 일부터 보험 영업까지 집안을 지키기 위해 묵묵히 일해왔다.

그런데 이상하게도, 재훈 씨는 아내를 마주할 때마다 알 수 없는 부담감을 느꼈다. 아내가 강해서가 아니라, 그 강함이 오히려 자신을 더 초라하게 비춰주는 거울 같았기 때문이다.

"아내가 뭐라 한 적도 없는데, 제가 괜히 작아지는 느낌이었어요."

그래서 아내가 말을 건네면 재훈 씨는 괜히 날을 세우고 짜증부터 냈다.

미안함과 자책이 쌓여 만든 '방어'였다.

그러던 어느 날, 아내의 한마디가 그의 마음을 무너뜨렸다.

"당신, 나한테 왜 그렇게 미안한 얼굴로 살아?"

그 말은 재훈 씨의 굳은 마음을 단숨에 녹였다.

그날 밤, 그는 처음으로 진심을 꺼냈다.

"그동안 나랑 살아줘서 고마워. 나는 당신한테 부끄럽고 미안한 남편이었어."

아내는 눈물을 흘리며 말했다.

"나는, 그냥 그 말 한마디가 필요했어. 우린 같이 살아가는 거잖아. 당신 혼자 짊어질 일이 어디 있어."

그날 이후 두 사람의 방향은 다시 같은 곳을 바라보기 시작했다.

부부 관계의 본질
서로를 '업데이트'해야 다시 가까워진다

결혼 생활은 서로를 바꾸는 일이 아니라, 변한 배우자를 있는 그대로 인정하고 다시 배워가는 과정이다.

상담에서 자주 언급되는 배우자의 변화는 이렇다.

- 전에 비해 예민해졌다.

- 몸도 마음도 지쳐 있다.

- 왠지 모를 상실감에 빠져 있다.

- 무표정 뒤에 감정을 숨기고 지낸다.

- 내가 알던 사람이 아닌 것처럼 낯설다.

누구나 마음 한 켠에 상실, 두려움의 감정을 안고 산다. 그럴수록 숨기거나 움츠러드는 태도는 도움이 되지 않는다.

대신 우리는 마음을 열고 이렇게 물어야 한다.

"당신 요즘, 괜찮아?"

"내가 당신에게 어떻게 보이는지 알고 싶어."

이 짧은 문장은 부부 사이의 방향을 다시 같은 곳으로 돌려놓는 나침반 같은 말이다.

오래된 결혼사진을 다시 꺼내본다.

한때 나를 웃게 하던 그 사람이 여전히 내 옆에 있다는 사실.

사랑은 맞서는 힘이 아니라, 맞춰주는 마음 위에서 오래 견딘다.

오늘의 실천 ─────────────────────────────

오늘 저녁, 배우자와 10분만 앉아 이야기를 나눠보자.

조언이나 지적은 잠시 내려놓고, 이 질문만 건네보자.

"요즘 당신은 어떤 게 힘들어?"

"내가 뭘 도와주면 덜 힘들까?"

오늘의 두 질문이, 두 사람의 거리를 다시 잇는 첫걸음이 되어줄 것이다.

*
'말하지 않아도 아는 사이'라는
환상을 버려라

"굳이 말을 해야 알아?"

관계가 무너지는 순간은 대개 이 말에서 시작된다. 가까운 사이일수록 말이 줄어들고, 그 침묵이 오히려 관계를 빠르게 멀어지게 만든다.

오랫동안 함께 지냈다는 이유로 '말하지 않아도 알겠지'라는 믿음을 갖기 쉽다. 그러나 그 믿음은 착각을 낳고, 착각은 헛된 기대를 만든다. 헛된 기대는 결국 상대방에 대한 실망을 부른다.

어느 날 갑자기, 가장 가까웠던 사람이 가장 먼 사람처럼 느껴지는 이유가 바로 여기에 있다.

상대가 변해서가 아니다.

우리가 너무 오랫동안 서로에게 말을 건네지 않았기 때문이다.

퇴직 이후 정신적 어려움을 호소하는 이들 중 절반 이상은 관계 스트레스를 이유로 든다.

특히 부부 간의 소통 부재가 핵심이다.

해야 할 말을 제때, 적절한 언어로 표현하지 못하면 관계는 굳어지고, 그 틈으로 냉기는 빠르게 번진다.

말하지 않으면 멀어진다

문학평론가 허버트 레이드는 말했다.

"침묵은 때때로 무관심으로 오해된다."

정말 그렇다. 말하지 않으면 마음은 전달되지 않고, 전달되지 않으면 관계는 틈이 생긴다.

심리학 연구는 또 한 가지 사실을 알려준다.

오래 함께한 부부일수록 정서는 거의 변하지 않지만, 표현 빈도가 급격하게 줄어든다. 마음은 그대로인데, 말이 줄어든 그 간극이 보이지 않는 벽을 만든다.

말하지 않으면 모른다.

모르면 오해한다.

오해가 쌓이면 멀어진다.

관계의 공식은 늘 이처럼 단순하다.

두 사람 사이를 가로막는 벽

김동건(62세) 씨는 정년퇴직 후 1년 동안 거의 매일 아내와 저녁을 함께 먹었다.

아내는 점심 시간에만 식당에서 일하고 4시면 퇴근해 저녁을 준비했다.

그러나 식탁 위에는 늘 음식보다 정적이 먼저 놓였다.

"예전엔 바쁘니까 대화가 없는 줄 알았어요. 지금은 시간이 남는데도 뭘 말해야 할지 모르겠더라고요."

어느 날 아내가 낮은 목소리로 말했다.

"당신은 내가 무슨 생각하는지 모르겠지? 근데 나도 그래."

그 말은 동건 씨의 마음을 깊이 흔들었다.

그는 자신이 아내를 잘 안다고 믿었다. 하지만 아내가 요즘 무엇을 좋아하고 무엇이 힘든지조차 모른 채 살아왔다는 사실을 그제야 깨달았다.

그날 이후 그는 작은 질문을 시작했다.

"오늘은 일 어땠어?"

"요즘엔 어떤 메뉴가 제일 잘 나가?"

사소해 보이는 질문이었지만, 그 작은 말들이 두 사람 사이에 다시 다리를 놓기 시작했다.

침묵은 사랑의 다른 이름이 아니다

윤정희(59세) 씨는 명예퇴직 후, 며느리와의 관계가 어색해지기 시작했다. 직장 다닐 때는 함께 사는 며느리와 크게 부딪힐 일이 없었지만, 집에 있는 시간이 늘자 사소한 불편함들이 쌓이기 시작했다.

'괜히 건드렸다가 사이가 틀어지면 어쩌나' 하는 걱정에 정희 씨는 침묵으로 버텼다.

그러던 어느 날, 며느리가 슬쩍 쪽지를 건넸다.

"어머니, 저도 잘하고 싶은데, 뭘 어떻게 해야 할지 모르겠어요."

그 말이 오래된 오해를 깨뜨렸다.

정희 씨는 말하지 않아서 멀어졌고, 며느리는 몰라서 힘들어했다.

그날 정희씨는 조심스럽게 말을 건넸다.

"내가 원래 말이 없어서, 네가 나 불편해하는 거 사실은 알고 있었어."

며느리는 울먹이며 말했다.

"어머니가 말만 해주셨다면, 전 훨씬 달라졌을 거예요."

말하지 않아서 멀어졌던 마음은, 말하기 시작하는 순간 다시 가까워진다.

사랑한다면, 말하라

오래된 관계일수록 말은 줄어들고 그 빈자리를 온갖 추측이 채운다.

그러나 마음은 말하지 않으면 영원히 전달되지 않는다.

"말하지 않아도 알아요~"

유명한 광고 문구일 뿐, 현실에서는 거의 맞지 않는다.

말하지 않으면 모른다.

모르면 서로 상처를 주게되고, 상처는 오래된 관계마저 갈라놓는다.

그러니 사랑한다면 '사랑한다'고 말하자.

고맙다면 '고맙다'고 말하자.

서운했다면 서운했다고, 원망으로 변하기 전에 말하자.

관계는 표현하는 사람에게 남는다.

말이 오가는 관계만이 끝까지 살아남는다.

그 한마디는 세월을 건너 서로의 가슴에 오래 남는다.

우리는 그렇게, 말로 마음을 건네며 다시 가까워진다.

오늘, 가장 가까운 사람에게 그동안 말하지 못했던 한마디를 건네

보자.

사랑, 고마움, 혹은 오랫동안 묻어두었던 진심.

그 표현이, 오래 쌓여 있던 침묵의 벽을 무너뜨리는 시작이 된다.

말하지 않아 관계를 잃는 것보다, 말해서 관계가 살아나는 쪽이

언제나 더 현명하다.

✳

고마운 사람에게는 지금 연락하라

우리는 평생 많은 사람과 스쳐 지나간다.

가까운 가족, 한때의 친구, 인생의 스승, 혹은 어떤 순간, 말없이 등을 내준 사람.

고마운 마음이 생길 때가 있다.

하지만 이상하게도 그 마음은 시간이 갈수록 입 밖으로 꺼내기 어려워진다.

'지금은 괜히 어색할지도 몰라.'

'이제 와서 새삼스럽게 뭐하러.'

그런 생각이 고마움을 삼키게 하고, 결국 연락 한 통 하지 못한 채 마음속 빛으로만 남는다.

우리가 살아온 시간 속에는 누군가의 작은 손길이 숨어 있다.

힘들어 주저앉던 순간에 내 등을 밀어준 사람, 아무 말 없이 내

편이 되어준 사람. 그때는 당연히 여겼지만, 지나고 나니 그게 아니었음을 깨닫는다.

고마움이란, 시간이 지날수록 더 또렷해지는 기억이다.

———

평생 후회할 뻔한 그 한마디

허남식(61세)씨는 고등학교 시절의 담임 선생님에게 오랜 고마움을 간직해 왔다.

가난과 무기력으로 자퇴를 고민하던 시절, 그 선생님은 아무 말 없이 교무실 서랍에서 봉투 하나를 꺼내 그의 손에 쥐어주었다.

"나중에 안 거지만, 선생님 월급 일부였대요. 그 돈으로 다시 버텼고, 결국 졸업도 했죠."

그렇게 반세기도 넘게 흐른 어느 날, 문득 그 얼굴이 떠올랐다.

남식 씨는 어렵게 학교로 연락했고, 수소문 끝에 어느 요양병원에 계시다는 소식을 들었다.

망설임 끝에 찾아간 병실. 선생님은 자신을 기억하지 못했지만, 그 앞에서 남식 씨는 고개를 숙였다.

"이 말은 꼭 하고 싶었어요. '선생님 덕분에 제가 살아냈습니다.' 그 말 한마디를 전하지 않았다면, 나는 아마 평생 후회했을 겁니다."

남식 씨는 마음을 전한다는 것이 결국 자신의 삶을 더 풍요롭게 만드는 일임을 깨달았다.

―――――

커피 한잔에 담긴 진한 위로

장은하(55세)씨는 서른 중반, 육아와 직장생활을 병행하며 지쳐 있을 때 상사였던 부장님으로부터 커피 한 잔을 건네받았다.

"그날 따라 유난히 힘들었는데, '고생 많지?' 한마디에 울컥했어요. 그 후로도 부장님은 가끔씩 말 없이 커피를 건네주었어요. 그 시절, 제가 무너지지 않도록 붙잡아준 사람이 바로 그분이고, 같은 여성이다 보니 저도 언니처럼 의지하곤 했어요."

하지만 세월이 흐르며 그 인연은 자연스럽게 멀어졌고, 고맙다는 말 한마디 못한 게 늘 마음에 남았다.

최근 은하 씨는 그분을 찾아 SNS를 검색했고, 우연히 발견한 이름을 통해 연락을 시도했다.

"혹시 기억하실지 모르겠습니다. 그때 부장님이 건네주신 그 커피 덕분에 제가 정말 많이 위로받았다고 전하고 싶었습니다."

그분으로부터 이런 답신이 왔다.

"그게 그렇게 기억에 남았다니, 나도 오늘 하루가 따뜻해지네."

고마움은 감정이 아니라, 반드시 '전해야 하는 마음'임을 은하 씨는 그날 다시 깨달았다. 긍정심리학에서도 감사 표현을 '가장 강력한 관계 회복 기술'로 꼽는다.

감사는 멀어진 마음조차 다시 연결하는 가장 강력한 소통 수단이다.

고마움을 표현할수록
삶의 만족도는 높아진다.

퇴직 이후의 삶은 혼자 힘만으로 버틸 수 있는 시간이 아니다.

건강이 흔들릴 때, 외로움이 찾아올 때, 새로운 관계가 필요할 때, 마음을 지탱해 줄 무언가가 필요할 때- 우리를 끝까지 버티게 하는 것은 결국 인간관계의 질이다.

그리고 관계의 질을 결정하는 가장 강력한 요소는 다름 아닌 감정 표현, 그중에서도 고마움을 표현하는 능력이다.

고마움을 말하는 순간 관계는 깊어지고, 갈등은 완화되며, 새로운 연결이 만들어진다. 정서적 안정감이 커지고, 삶 전체의 만족도 역시 확연히 높아진다.

고마움을 표현하는 사람일수록 회복탄력성이 높고, 스트레스 상황에서도 관계를 더 건강하게 유지할 수 있다.

퇴직 후 삶이 길어질수록, 감사의 표현 능력은 '후반 생애를 지탱하는 기술'이 된다.

프랑스 속담에 이런 말이 있다.

'고마움을 전하는 말 한마디가, 겨울에도 꽃을 피운다.'

먼 기억 속의 인물도 좋고, 매일 마주하는 이도 좋다. 그 누군가에게 고마움을 느낀다면, 이제는 단 하루도 미루지 말고 바로 고마움을 표현하자.

오늘의 실천 ─────────────

오늘, 떠오르는 사람 하나에게 연락해 보자.

고마웠던 선생님, 한때의 직장 동료, 마음을 알아준 누군가에게.

짧은 메시지면 충분하다.

"그때 참 고마웠어요."

그 말은 그 사람의 하루를 바꾸고 당신의 어제를 덜 후회하게 만드는 가장 따뜻한 위로가 된다.

3장
일과 돈의 새로운 기준을 세우다

숫자는 줄어들어도, 삶의 가치는 줄이면 안 된다

퇴직은 퇴장이 아니라, 새 무대에 서는 일이다

노후자금은 '10년 단위'로 재설계하라

재정 리스크를 미리 설계하라

돈은 '흐름'이다 : 나만의 Cash- Flow 설계법

퇴직 이후에는 '삶의 리듬'이 인생의 질을 결정한다

돈 다음에 설계할 것은 시간이다

*
숫자는 줄어들어도,
삶의 가치는 줄이면 안 된다

우리는 흔히 '일은 일, 돈은 돈'이라며 둘을 분리해 생각해왔다.

그러나 퇴직 이후 이 두 요소는 결코 떨어져 움직이지 않는 구조라는 사실을 금세 깨닫는다.

일은 돈을 만들고, 돈은 일의 방식을 규정하며, 일의 방식은 다시 삶의 질과 정체성까지 흔든다.

그렇다고 모든 일이 반드시 이익을 수반해야 하는 것도 아니다. 수익이 적어도 해볼 수 있는 일, 돈이 되지 않아도 마음이 움직여 시작하게 되는 일들은 분명히 존재한다.

그래서 퇴직 이후의 핵심은 일과 돈 중 무엇을 선택하느냐가 아니라, 두 요소를 어떤 가치 기준으로 다시 묶어낼 것인가라는 문제다.

우리가 일과 돈을 분리해 생각하도록 배워온 데에는 이유가 있다. 우리는 오랫동안 '성과의 언어' 속에서 살아왔다. 성과가 있어야 존재가 증명되고, 누군가의 기대에 부응해야 의미가 있다고 믿어왔다. 그래서 수십 년 동안 멈추지 않고 달려왔다. 직함과 책임감이 곧 나의 존재를 대신해왔다.

일이란 삶의 방향을 가리키는 나침반이다

하지만 퇴직 이후 우리는 뜻밖의 진실과 마주한다.

내가 더 이상 그 자리에 없는데도 세상은 잘 돌아간다는 사실이다.

"그럼 나는 이제 무엇으로 나를 증명해야 하지?"

이 질문은 끝이 아니라 시작이다. 이제는 성과의 기준이 사라진 자리에서 나만의 기준을 다시 세워야 한다.

이때 중요한 것은 각자의 선택이 모두 존중받아야 한다는 점이다. 누군가는 보수가 없어도 의미 있는 일을 택할 수 있고, 누군가는 안정적인 보수를 위해 근로를 연장할 수도 있다.

어느 쪽도 옳고 그르다고 말할 수 없다.

각자의 경제 사정과 가치, 철학이 다르게 작동하기 때문이다.

그래서 우리는 다시 질문해야 한다.

"어떤 일이 나를 '가치'로 살아 있게 하는가?"

이제 필요한 것은 성과의 복원이 아니라 가치의 재정의다.

일은 생계를 위한 틀이 아니라 내 시간을 어떤 방향으로 살아갈지 결정하는 장치가 되어야 한다. 그리고, 돈은 일의 목적이 아니라 가치를 가능하게 하는 에너지로 이해해야 한다.

이 두 요소를 새로운 기준으로 다시 묶어낼 때 우리는 깨닫게 된다.

숫자는 줄어들어도, 삶의 가치는 줄어들지 않아도 된다.

그리고 그 가치는, 때로는 돈이 되지 않아도 기꺼이 해볼 수 있는 작은 일들 속에서 다시 자라난다.

"무력감을 느끼던 어느 날, 새로운 가치를 찾았어요"

대기업 해외 마케팅 본부장이던 서정민(57세) 씨는 퇴직 후 첫 아침, 더 이상 갈 곳이 없다는 사실을 '무게감'으로 먼저 느꼈다.

"한창 때는 세계 10개국을 누볐죠. 명함 하나면 누구에게든 환영받았고요. 지금은 그 모든 게 사라졌어요. 아무도 나를 찾지 않는 하루가 이렇게 낯선 줄 몰랐습니다."

재취업을 결심해 몇 군데 회사에 들어가 보았지만, 대기업을 기준으로 살아온 몸과 마음은 작은 조직에서 버티기 어려웠다. 결국 재취업은 접기로 했다.

그 무렵, 같은 교회의 한 후배가 말했다.

"형님, 외국인 청년들한테 한국어 좀 가르쳐보세요."

망설였지만 교회 지하 강의실 문을 연 순간, 정민 씨는 잊고 있던 설렘을 느꼈다.

어눌한 발음으로 "안녕하세요"라고 인사하던 청년들의 눈빛 속에서 그는 새로운 시간을 발견했다.

그는 말했다.

"가계엔 도움이 안 되지만, 제 시간의 가치는 오히려 더 커졌어요. 이제야 제 시간이 '진짜 내 것'이 된 것 같습니다."

"돈도 벌고 삶의 보람이라는 선물까지 받으니 금상첨화죠."

김평호(57세) 씨는 대학 교직원으로 30년을 보낸 뒤 명예퇴직했다.

그에게 명함을 내려놓는다는 건 오랫동안 자신을 규정해온 정체성을 내려놓는 일이었다.

"처음엔 내가 투명인간이 된 것 같았어요."

그의 삶이 다시 움직이기 시작한 건 계량기 설치·보수 일을 시작하면서다.

그가 향한 곳은 대부분 작은 마을이었고, 그를 맞아주는 이는 대개 70대 이상 노인이었다. 그들에게 평호 씨는 단순한 수리 기사가 아니라, 말동무이자 반가운 손님이었다. 음료수를 건네고, 따뜻한 식사를 챙겨주는 이도 있었다.

계량기를 고쳐준 뒤 그는 늘 묻는다.

"집에 뭐 고칠 거 없나요?"

그러면 전등, 작은 가전, 삐걱거리는 문짝까지 그의 손끝에서 순식간에 해결된다.

평호 씨는 말한다.

"저는 요즘이 제일 행복해요. 큰돈은 아니어도 일당을 벌고, 어디를 가든 반겨주시니까요. 제 손길이 누군가의 하루를 편하게 한다는 게 좋아요. 그게 지금 제가 살아가는 가치입니다."

가치는 성취보다 오래 남는다

심리학에서는 은퇴 이후의 정체성을 '재구조화(identity reconstruction)'라고 부른다.

기존의 성취 기반 정체성을 내려놓고 새로운 자기 기준을 세우는 과정이다. 이 과정이 생략될 때 우리는 더 쉽게 흔들리고, 더 빠르게 소진된다.

철학자 빅터 프랭클은 말했다.

"인간에게 필요한 것은 삶이 자신에게 무엇을 기대하는가를 아는 것이다."

퇴직 이후 우리가 해야 할 질문은 이렇다.

"나는 지금 내 삶에게 무엇을 기대하는가?"

성과가 무너지고 난 후에야 보이는 것들이 있다.

나만의 속도로 걷는 산책길, 아내의 웃음, 손주가 건네는 작은 손길, 오랫동안 미뤄두었던 책 한 권.

사소한 것, 작은 것도 상관없다. 당신이 믿고 따르고 추구하는 것이라면 그 모든 것이 당신이 지켜야 할 가치다.

그리고 당신이 추구하는 가치는 다른 누군가에 의해 숫자로 평가될 수 없다. 가치는 경쟁하지 않는다. 숫자에 얽매이지도 않는다. 누군가를 이기거나, 어느 지점에 도달해야만 얻을 수 있는 것도 아니다.

가치는 그저 매일의 삶 속에서 발견되고 쌓여가는 것이다.

지금 나는 무엇으로 행복한가?

퇴직 이후에는 누구나 한번쯤 갖게 되는 생각이 있다.

'나의 효용가치는 이제 끝이구나.'

이런 생각은 결국, 우리를 무력감과 상실감이라는 탈출구 없는 감옥으로 끌어들이고 만다.

퇴직이라는 변화는 계절의 변화 같은 거다. 봄이 가면 여름과 가을이 오고, 겨울이 지나면 다시 봄이 온다. 봄이 끝났다고 해서 계절이 사라지거나 파괴되는 건 아니다. 다른 색, 다른 모양, 다른 풍경 속에서 살아가면 되는 거다.

퇴직도 마찬가지다. 퇴직 후에도 우리는 여전히 쓸모가 있고, 의미가 있고, 무엇이든 가능하다.

그 가능성은 더 이상 누군가의 기대를 채우는 성취에서 시작되지 않는다. 오늘의 나를 충족시키는 '가치'에서 시작된다.

오늘의 실천 ───────────────────────────

오늘 하루, '가치로 기억될 시간'을 스스로 만들어보자.
아래 중 하나만 실천해도 충분하다.

1. 오늘의 가치를 적어보라.

   지금의 내가 중요하게 여기는 것 3가지를 적고, 그중 하나를 위

   해 20분을 투자해보자. 그것이 당신의 새로운 기준점이 된다.

2. 가치를 회복시키는 사람을 만나라.

   평가나 기대 없이 편안한 사람과 10분만 대화하라. 그런 관계

   가 당신의 정체성을 다시 세운다.

3. '내 손길이 남는 일' 하나를 해보라.

   정리, 손질, 만들기, 가르치기 등, 누군가의 도움이 되거나 스스

   로 뿌듯함을 느끼는 작은 행동이면 충분하다.

오늘의 30분을 나의 가치로 채울 때, 나의 하루는 다시 활기를 띠
기 시작할 것이다.

✳

퇴직은 퇴장이 아니라,
새 무대에 서는 일이다.

퇴직이라는 단어는 이상하게 무겁다.

'일을 내려 놓는다'는 사실보다, 마치 오래 서 있던 무대에서 한순간에 내려오는 듯한 낯선 경험 때문일지도 모른다.

누군가에게는 마침표처럼 느껴지고, 누군가에게는 갑작스러운 공백처럼 다가온다.

하지만 퇴직은 끝이 아니다.

삶의 2막을 설계할 수 있는 새로운 선택의 시작이다.

그동안 '일'이라는 이름으로 미뤄뒀던 가능성들이 서서히 깨어나기 시작하는 지점이다.

2,30년 동안 사회가 정해준 루트를 따라 살아온 사람에게 이제야 진짜 선택권이 주어진 셈이다.

우리는 어느 순간, 지나온 삶을 돌아보며 앞으로의 시간을 어떻게 살아갈지 다시 묻게 된다.

퇴직은 그 질문이 가장 또렷하게 떠오르는 순간이다.

이제는 남이 만들어준 무대가 아니라, 내가 직접 꾸미는 무대에서 조명을 다시 밝히고, 나만의 리듬으로 이야기를 다시 써 내려갈 차례다.

"퇴직 후 강사로서 제 2의 인생을 살아요."

유호진(60세) 씨는 여러 회사를 거치며 다양한 직무를 경험했다. 그 경험은 누구보다 풍부했지만, 마음 한켠에서는 늘 질문이 남아 있었다.

'퇴직하면 나는 어떤 사람이 될까?'

그는 무기력에 빠지지 않기 위해 은퇴 1년 전부터 작은 준비를 시작했다.

퇴근 후 자격증 강의를 듣고, 현장에서 쌓은 조직 운영 노하우를 정리하고, 용기 내어 동네 주민센터에서 열리는 소규모 강좌에도 지원했다.

"처음엔 나 같은 사람이 가르칠 수 있을까 싶었어요. 나이도 걸렸고요."

하지만 첫 강의 날, 그의 예상은 완전히 빗나갔다.

수강생들은 그의 이야기에 귀를 기울였고, '더 들려달라'고 말했다.

누군가는 '강사님처럼 풍부한 경험을 가진 분의 말이 가장 도움이 된다'고 했다.

그날 이후 그는 강사로서의 두 번째 삶을 진지하게 받아들였다.

지금도 그는 주 2회 지역 커뮤니티에서 '자기 경영'을 화두로 강좌를 열고 있다.

"회사는 떠났지만, 나는 여전히 누군가에게 필요한 사람이더라고요. 그걸 느낀 순간 다시 자신감이 생겼어요."

새로운 도전은 그의 삶을 더 활기찬 무대로 확장해주었다.

─────

"이제야 진짜 나를 위한 시간을 살아요"

안정미(55세) 씨는 조금 이른 나이에 교단을 떠났다.

정들었던 교정, 수백 번은 오르내렸던 계단과 복도를 뒤로하는 일은 결코 쉽지 않았다. 마지막 날, 그는 빈 교실 한가운데 서서 오랫동안 자신을 지탱해준 풍경과 작별하는 시간을 가졌다.

"그동안은 늘 누군가를 챙기고, 가르치고, 돕는 일로 하루를 채웠죠."

퇴직 후 그녀는 매일 아침 스스로를 위해 커피를 내리는 것부터 다시 시작했다.

글쓰기 플랫폼에 자신만의 공간을 만들고 글을 쓰기 시작했으며, 책을 마음껏 읽고, 한 달에 한 번 낯선 도시로 여행을 떠난다.

"처음엔 시간 낭비 같기도 했어요. 하지만 이건 누군가의 요구가 아니라, 진짜 '나다운 선택'이더라고요."

사회학자 어빙 고프먼은 이렇게 말했다.

"삶은 우리가 무대 위에서 어떤 역할을 선택하느냐에 따라 달라진다."

퇴직 이후의 시간도 마찬가지다.

이제는 남이 정해준 역할이 아니라, 내가 선택한 역할로 무대 위에 다시 설 차례다.

익숙한 직함을 내려놓는 일은 때때로 두렵고 어색하지만, 그 너머에는 또 다른 지평선이 열리고 있다.

이 책에서 여러 이웃들의 사례를 소개하는 이유도 그 때문이다. 그들의 선택과 변화의 과정을 들여다보는 것만으로도, 독자에게는 각자의 '두 번째 무대'를 떠올리는 작은 영감이 될 것이다.

오늘 하루, '퇴직 이후의 선택권'을 실제 삶으로 옮겨보자.

1. 지금 가장 끌리는 '새로운 선택' 하나를 적어라.

   하고 싶지만 미뤄둔 작은 시도 하나를 적고, 그것을 위해 오늘 10분만 시간을 떼어두라.

2. 선택의 첫 움직임을 만들어라.

   관련 자료를 검색하거나, 필요한 사람에게 메시지를 보내거나, 날짜를 달력에 표시하는 것으로도 충분하다. 행동은 작아도 '선택의 궤도'가 열린다.

✱
노후자금은 '10년 단위'로 재설계하라

퇴직 이후의 재정에서 가장 큰 오해는 '평생'을 한꺼번에 계산하려는 데서 시작된다.

평생을 계산하면 누구라도 불안해진다.

그래서 노후 재정은 반드시 '10년 단위'로 다시 설계해야 한다. 10년은 예측 가능한 시간이고, 실제로 삶의 구조가 뚜렷하게 바뀌는 단위다.

재정의 목적은 '평생을 버티는 돈'을 만드는 것이 아니라, 각 10년을 안정적으로 살아내는 흐름(flow)을 만드는 데 있다.

많은 사람들이 노후 준비를 떠올리면 먼저 숫자를 걱정한다. "이 돈이 얼마나 갈까?", "몇 살까지 써야 하지?", "지금 써도 될까?"

대부분 '남은 생애 전체'를 한 번에 계산하려 할 때 나타나는 불안이다.

재정 전문가들은 말한다.

"노후 자금은 액수가 아니라 흐름이며, 그 흐름을 관리하는 가장 좋은 방식이 '10년 단위 설계'다."

10년 단위는 막연함을 분명함으로 바꾸는 가장 현실적인 틀이다.

노후는 한 번에 설계할 수 없다. 단지, 다음 10년을 설계할 수 있을 뿐이다.

10년마다 달라지는 삶의 구조

삶은 10년마다 완전히 다른 구조를 갖는다.

지출의 성격, 소비 패턴, 건강 상태, 활동성, 우선순위 모두 달라진다.

- 50대~60대 중반

  활동의 절정기.

  여행 · 취미 · 외식 등 '경험 소비' 비중이 높고, 소득 활동도 일부 유지된다.

  자녀가 어리다면 교육비가 가장 큰 항목으로 남는다.

- 60대 후반~70대 중반

  생활의 중심이 안정과 건강으로 옮겨간다.

의료비가 증가하고 지출은 기본 생활비 중심으로 단순화된다.

- 70대 후반 이후

'돌봄, 의료, 정서적 안정'이 핵심이 된다.

거주 환경 변화(도시→시골, 집→실버타운)도 고려해야 한다.

소비보다 유지비가 중요한 시기다.

지출의 구조가 달라진다는 것은 자금 구조도 10년마다 재설계해야 한다는 의미다.

"전체를 보지 말고, 눈앞의 10년부터 설계하세요."

홍민석(61세) 씨는 공기업에서 32년을 근무한 뒤 정년퇴직했다.

퇴직금, 주식, 적금, 아파트...

그가 가진 모든 자산을 노트에 일일이 적어 내려가던 순간, 갑자기 심장이 철렁 내려앉았다.

'과연 이걸로 3,40년을 버틸 수 있을까? 앞으로의 시간을 이 돈으로 나눠 써야 한다고?'

그러다 재무상담사에게서 한 문장을 들었다.

"선생님, 평생을 보니까 불안한 겁니다. 10년 단위로 끊어 보세요."

그는 그 자리에서 자금을 세 구간으로 나눴다.

－ 1차 10년(61~70세)

활동 10개 선정 / 여행·경험 소비 중심 / 소득 활동 일부 유지

－ 2차 10년(71~80세)

생활비 중심 구조 / 건강·안정 최우선 / 소득 활동 최소화

－ 3차 10년(81~90세)

의료·돌봄 대비 예산 확보 / 주거 단순화

"10년씩 끊고 보니까 갑자기 숨이 트이더군요."

평생 예산으로 볼 땐 막막하던 돈도 10년 단위로 보니 쓰임새가 뚜렷해졌다.

언제 여행할지, 언제 일을 줄일지, 언제 건강 관리에 더 집중해야 할지가 보였다.

그는 말했다.

"노후자금은 '평생 버티는 돈'이 아니라 나를 살아 있게 만드는 '10년 예산'이더라고요. 10년만 제대로 설계해도 다음 10년의 힘이 생겨요."

지금 민석 씨의 자산관리 노트에는 각 10년 구간별 현금자산 사용 계획, 투자와 재투자 기준, 주택연금 시작 시점까지 정리돼

있다.

"이전에는 뒤죽박죽이었어요. 그런데 10년 단위로 나누자, 아파트 매각 시점부터 주택연금 활용까지 '언제, 무엇을, 어떻게'가 분명해졌어요."

___

"아끼기만 하면 남는 건 돈이고, 사라지는 건 나더라."

노형식(62세) 씨는 퇴직 후 1년 동안 한 푼이라도 아끼겠다는 마음으로 소비를 멈췄다.

외식도 줄이고, 옷도 한 벌 안 사고, 온통 카드값 줄이기에만 집중했다. 심지어 친구들과의 연락도 줄였다. 점심값, 술값을 줄이겠다는 심산이었다.

그러자 오히려 우울감과 무기력증이 찾아왔다.

"돈은 남았어요. 그런데, 제 자신이 사라지는 느낌이었어요."

어느 날 첫째 아들이 말했다.

"아버지, 혹시라도 저희 때문에 아끼시는 거라면, 안 그러셨으면 좋겠어요. 저희는 저희가 알아서 잘 살 수 있으니, 어머니랑 노후를 즐기셨으면 좋겠어요."

형식 씨는 그날부터 아들과 함께 '10년 예산'을 만들기 시작했다.

그는 '지금 나에게 필요한 소비'를 하나씩 적어가며 작지만 자신을 돌보는 경험 예산을 구성했다.

- 한 달에 한 번 가족 외식
- 한 달에 두 번 친구들과 술자리
- 일 년에 한 번 아내와 해외 여행

그는 깨달았다.

"10년 틀을 가지고 나니 돈을 '아끼는' 게 아니라 '조절하는' 게 되더군요. 불안 없이도 소소한 즐거움을 누릴 수 있겠다는 확신이 생겼어요."

노후자금을 10년 단위로 설계해야 하는 이유

퇴직 이후의 자금 흐름을 10년 단위로 끊어 '수입-지출' 계획을 구체화하면, 다음과 같은 잇점이 생긴다.

1. 불안이 줄어든다.

40년은 막연하지만 10년은 구체적이고 설계 가능하다.

2. 지출 구조가 자연스럽게 바뀐다

50대는 활동, 60대는 안정, 70대는 돌봄. 구간별 대응이 쉬워진다.

3. 소비 죄책감에서 벗어난다

'써도 될까?' 대신 '이 10년 안에서 조절하면 돼'가 된다.

4. 삶의 우선순위가 명확해진다

'돈 중심 사고'에서 '경험 중심 사고'로 전환된다.

5. 흐름이 보이기 시작한다.

총액이 아니라 '현금 흐름'이 중요하다. 흐름을 보면 미래가 예측 가능해진다.

첫째, 전체 자산을 10년 예산으로 쪼개라.

- 1단계 10년: 활동·경험 중심

- 2단계 10년: 생활 안정·건강 중심

- 3단계 10년: 돌봄·의료 중심

둘째, 당장 쓸 돈과 묶어둘 돈을 나눠라.

- 10년 안에 쓸 돈 → 안전자산

- 10년 뒤에 쓸 돈 → 장기 투자

셋째, '첫 10년의 월 생활 기준'을 한 문장으로 적어라.

예: "향후 10년간 월 350만 원 기준으로 생활한다."

노후 전체를 고민하면 막막해지지만, 첫 10년만 명확히 설계하면
불안은 놀라울 만큼 빠르게 사라진다.

✱
재정 리스크를 미리 설계하라

　　퇴직 이후의 재정에서 가장 위험한 순간은 '예상하지 못한 지출'이 튀어나올 때다.

　　계획된 지출은 버틸 수 있다.

　　문제는 예고 없이 찾아오는 비용이다.

　　노후 재정의 핵심은 '얼마를 더 모을까?'보다 '어디에서 새고 있는가?'를 먼저 확인하는 데서 시작된다.

　　우리는 노후 비용을 생각하면 식비 · 관리비 · 교통비 · 통신비 같은 고정 지출만 떠올린다.

　　하지만 실제로 재정을 흔드는 것은 한 번에 크게 나가는 비정기 지출이다.

　　- 양가 부모님 중 누군가의 갑작스러운 입원

　　- 자녀 결혼 또는 주거 지원 요청

- 수술, 치과, 도수치료 등 비보험 지출

- 노후 주택의 보일러, 배관, 누수, 샤시 수리

- 차량 노후화에 따른 교체 비용

- 배우자의 건강 문제와 그에 따른 돌봄 비용

막상 닥치면 바로 꺼내 쓰기 어려운 돈이다. 그리고 그 순간, 노후 재정에 균열이 생긴다.

50대 이후에 반드시 고려해야 할 '5대 리스크'

50대 이후의 삶을 들여다보면 대부분의 재정 충격은 아래 다섯 영역에서 시작된다.

이 리스트만 정확히 파악해도 재정 불안은 절반으로 줄어든다.

① 건강 · 의료 리스크

- 만성질환 약값

- 검진 후 추가 검사 비용

- 치과(크라운, 임플란트)

- 관절 · 척추 관련 치료

- 갑작스러운 수술

- 간병인 비용(하루 13~20만 원 수준)

수술비보다 감당하기 벅찬 부분이 간병인 비용이라는 사실을 간과해선 안된다.

② 부모 돌봄 리스크

본인이 50대라면 부모님은 80대이기에, 이제부터는 거의 매년 지출이 발생한다고 봐야 한다.

- 요양원, 요양병원 비용
- 방문 요양 서비스
- 병원 동행 비용
- 생활비 보조

형제 간 분담이 불가하면, 부담은 가중된다.

③ 자녀 지원 리스크

자녀가 독립해도 요청은 계속된다.

- 주택 매입 또는 전세 보증금 지원
- 결혼 자금
- 대학, 대학원, 유학 지원
- 손주 돌봄 지원비

자녀 수에 따라 그 부담은 가중된다.

④ 주거 · 생활 리스크

25년 이상 된 아파트, 빌라는 이제부터 '대수선 시기'다.

- 보일러 교체
- 싱크대, 욕실, 배관 문제
- 도배, 장판 등 생활 수리
- 단지 전체 공사 분담금

⑤ 관계, 정서 리스크

많은 사람은 이 부분을 가볍게 넘기지만, 노후를 가장 크게 흔드는 요소 중 하나가 바로 '외로움'과 '공허감'이다.

값비싼 물건을 사들이거나, 여행·모임에 과한 돈을 쓰게 된다.

결국 마음이 흔들리면 재정도 함께 흔들린다.

'3개의 바구니 전략'으로 리스크를 구조화하라

대부분은 이렇게 말한다.

"언제 무슨 일이 생길지 모르니까 불안해요."

그러나 재정 리스크는 어떤 일이 생기느냐보다 '그 일이 생겼을 때 어디에서 돈을 꺼낼 것인가'를 미리 정해놓는 것이 더 중요하다.

리스크가 생기면 조건 없이 꺼내 쓰기로 정해져 있는 돈, 그 예비금을 마련하는 것이 불안의 절반을 해결한다.

나는 이것을 '3개의 바구니 전략'이라고 부른다.

〈3개의 바구니 전략〉

① 리스크 바구니(예상 지출)

비정기 지출의 충격을 흡수하는 바구니다.

- 의료 · 치과 · 비보험 치료

- 부모 요양

- 차량 · 집 수리

- 자녀 지원

매월 일정액을 적립해 두면 리스크의 상당 부분을 처리할 수 있다.

② 정서 유지 바구니(마음지출)

나이가 들수록 오히려 더 중요해지는 바구니다.

- 취미 비용 (장비, 도구, 재료)

- 소소한 경험 소비 (여행, 외식, 쇼핑)

- 관계 유지 비용(식사, 커피, 경조사, 선물)

③ 긴급 바구니(위기 대응용)

수술, 사고, 수입 단절과 같은 '진짜 위기' 용도.

별도 통장을 만들고 300~500만 원을 넣어두라. 절대 다른 용도로 쓰지 않는다.

"위기가 겹쳐서 오니까, 정신 못 차리겠더라구요."

권은미(63세)씨는 불안이 부쩍 늘었다. 생활비는 크게 걱정 없었지만, 예상치 못한 지출이 생길 때마다 가슴이 덜컥 내려 앉았다.

어느 날 그녀는 수첩을 펴고, 지난 1년간의 지출 중 '전혀 예상하지 못했던 지출'만 따로 적어보았다.

'남편의 허리 디스크 수술비, 아들 전세 보증금, 본인 치과 치료비, 아파트 배관 공사 분담금.'

목록을 적어 내려가다 그대로 멈췄다.

'내 불안의 정체가 바로 이거였구나.'

그날부터 별도의 비상 계좌를 만들고 매달 자동이체를 걸었다.

"크게 모인 돈도 아닌데, 마음이 정말 가벼워졌어요. '대비하고 있다'는 생각 하나로 불안이 사라지더라구요"

리스크를 알면 통제감이 생긴다

리스크는 완전히 없어지지 않는다.

하지만 '어디로 들어올지', '들어오면 어떻게 막을지'는 내가 정할 수 있다.

어떤 상황이 닥치든 '이 비용은 이 바구니에서 해결한다'는 기준이 생기는 순간 돈을 관리하는 일이 훨씬 단순해진다.

위험한 것은 리스크 자체가 아니다.

리스크가 생겼을 때 '어디서 돈을 꺼낼지' 정해두지 않은 상태, 그것이 진짜 위험이다.

첫째, 지난 3년간의 '예상하지 못한 지출'만 따로 적어라.

그 목록이 당신의 '리스크 지도'다.

둘째, 세 개의 바구니를 만들고 금액을 고정하라.

– 리스크 바구니

– 정서 유지 바구니

– 긴급 바구니

각 바구니에 매달 얼마를 넣을지 '금액을 고정'하라.

정답은 없다. '지속 가능한 금액'이 가장 중요하다.

셋째, 각 바구니의 사용 기준을 간단히 정리하라

– 리스크 바구니: 비정기 지출

– 정서 바구니: 나를 유지하는 소비

– 긴급 바구니: 진짜 위기 때만 사용

노트 첫 페이지에는 이렇게 적어두자.

'노후 재정은 금액보다 구조가 먼저다.'

이 한 문장이 앞으로 당신의 재정을 지탱하는 기준점이 될 것이다.

✳
돈은 '흐름'이다:
나만의 Cash- Flow 설계법

퇴직 이후의 재정은 '얼마가 남아 있는가'로 결정되지 않는다.
돈이 어떻게 흐르느냐로 결정된다.

10년 계획과 리스크 지도가 준비됐다면, 이제 필요한 것은 당신 삶의 흐름을 지켜줄 현금 흐름(Cash- Flow)의 구조화다.

노후의 불안은 돈이 부족해서가 아니라, 흐름이 끊기는 순간 찾아온다. 지금부터는 총액이 아니라, 흐름을 만드는 설계법을 다룬다.

많은 사람들은 '보유 자산의 크기'에만 시선을 둔다. 그러나 퇴직 후 재무가 흔들리는 이유의 80%는 '돈이 얼마나 있느냐'가 아니라 '돈이 어떻게 오가고 있느냐' 때문이다.

돈의 흐름이 안정되는 순간, 불안은 줄고 예측 가능성은 높아지며 노후의 구조가 견고해진다.

퇴직 후 돈의 핵심:
'정기성'이 깨지는 순간 불안은 폭발한다

직장에 있을 때 우리는 월급이라는 '고정 유입'을 갖고 있었다. 지출 역시 월세, 관리비, 교육비, 식비, 통신비 처럼 고정 패턴 안에서 움직였다.

그러나 퇴직과 동시에 이 두 가지가 함께 흔들린다.

- 수입은 불규칙해지고
- 지출은 예측보다 늘어나거나 급등하고
- 갑작스러운 비용이 더 자주 발생한다

이 변화가 불안의 근본 원인이다.

따라서 퇴직 후 재정 설계의 목적은 단 하나다.

'예측 가능한 현금 흐름을 만드는 것.'

총액이 3억이든 10억이든 30억이든 흐름이 불규칙하면 시스템은 결국 무너진다.

반대로 자산 규모가 작아도 흐름이 안정적이면 삶은 평온해지고 통제감이 생긴다.

흐름을 무시한 사람 vs. 흐름을 만든 사람

■ 현금 흐름을 무시한 사람– "돈은 많았지만 불안은 더 컸다"

남귀영(62세) 씨는 8억 원가량의 금융 자산을 가지고 은퇴했다.
하지만 그는 퇴직 후에
- 충동적 상가 투자
- 잦은 고가 소비
- 과한 모임 비용
- 취미 지출 확대 등
과도한 지출 패턴을 이어갔다.

그러던 중 부모 의료비와 상가 공실이 겹치는 순간 그의 현금
흐름은 단숨에 무너졌다.

"돈도 나를 지켜줄 수 없다는 걸 느꼈어요."

안타깝게도 '현금 흐름'을 무시한 그의 무계획적인 지출은 대가
가 컸다.

■ 흐름을 만든 사람 — 소득이 적어도 삶은 안정됐다

손재형(61세) 씨는 퇴사 후 '리듬 있는 생활'을 스스로 설계했다.

- 주 3일 일하고
- 주 2일 배우고
- 주말에는 쉼으로 확보

그리고 지출 구조도 재정비했다.

- 생활비는 '주 단위'로 관리
- 여행, 취미는 정해진 예산 안에서 계획 소비
- 모든 큰 지출은 사전 협의 시스템 마련

그 결과 그의 지출은 월 단위로 안정적인 흐름을 갖기 시작했다.

"수입이 많지 않아도 흐름을 통제하고 있으니까 마음이 편안해졌어요."

두 사람의 차이는 단순한 소득이나 자산 규모가 아니다. 노후의 안정성을 가르는 기준은 오직 하나, 흐름의 유무다.

퇴직 후 재정 설계의 원칙:
"흐름이 먼저, 총액은 나중"

다음 네 가지 원칙은 '흐름 기반 재정 설계'를 만드는 핵심 구조다.

1. '월 기본지출'(Baseline Spending)을 설정하라

퇴직 후 불안의 절반은 '내가 지금 얼마를 쓰고 있는지 모르는 상태'에서 시작된다.

'월 기본지출' 산정은 단순하다. 딱 4개다.

- 식비

- 교통 · 생활비(생필품, 차량유지, 대중교통, 통신, 공과금)

- 주거비 (관리비, 전기, 가스, 수도, 난방)

- 건강 · 약품비

이 네 항목만 명확해져도 삶의 구조가 보인다.

2. '월 기본수입'을 정하라.

예측 가능하면 된다. 핵심은 금액의 크기가 아니라 패턴의 안정성이다.

가능한 수입원들을 조합해 '월 기본수입'을 만든다.

예시)

- 국민연금

- 개인연금

- 주택연금

- 배당소득

- 파트타임 수입

- 임대수익

- 월급(재취업시)

- 프리랜서 수익

3.급등하는 지출은 '연간 버퍼(Annual Buffer)'로 막아라

예상 밖 지출은 삶을 크게 흔든다.

- 의료 · 치과

- 부모 · 자녀 변수 비용

- 집 보수

- 자동차 유지 · 교체

 이 항목을 한 계좌에 묶어서 관리하면 충격이 70% 줄어든다.

4. 목돈은 생활비가 아니다. '흐름 조정 장치'다

퇴직금, 예금, 대형 자산의 역할은 딱 네 가지다.

- 예기치 않은 지출 완충

- 연금 수령 시기 조정

- 현금흐름 보강

- 장기 투자 기반

즉, 목돈을 '생활비 보충용'으로 썼다간 빠르게 고갈되고 만다.

[실전 설계] 월간 현금 흐름표(Cash- Flow Sheet)

아래 항목만 채우면 당신의 흐름 구조가 처음으로 눈에 보인다.

① 월 고정지출

항목 금액

식비 ____

교통 · 생활비 ____

주거비   ____

건강 · 약품비 ____

합계: _____원

② 월 변동지출

항목 금액

취미 · 외식 · 여행 ____

관계 유지 비용 ____

기타 ____

합계: _____원

③ 월 고정수입

항목 금액

국민연금 ＿＿

개인연금 ＿＿

주택연금 ＿＿

배당 수입 ＿＿

파트타임 ＿＿

기타 ＿＿

합계: ＿＿＿원

④ 월 변동수입

항목 금액

강의 ＿＿

프리랜서 ＿＿

기타 ＿＿

합계: ＿＿＿원

⑤ 연간 버퍼(연 1회 지출 계정)

항목 연간 금액

의료 · 치과 ＿＿

집 수리 ＿＿

자동차 유지 · 보험 ＿＿

부모 · 자녀 변수 ＿＿

연간 합계: ＿＿＿원

월 환산액(÷12): ＿＿＿원

[사례] 61세 남성의 현금 흐름(Cash- Flow) 재설계

〈1단계〉 월 수입- 지출 현황 파악

월 고정수입(167만)

- 국민연금 84만

- 개인연금 43만

- 파트타임 40만

월 지출(260만)

- 월 기본지출(4대 항목) 140만

- 변동지출 70만

- 연간 버퍼 환산 50만

〈2단계 : 수입- 지출 대비〉

93만원의 적자 발생

〈3단계 : 현금흐름 조정하기〉

- 변동지출 10~15만 조정
- 연금 시나리오 변경
- 주택연금 도입 여부 검토
- 파트타임 1건 추가
→ 적자 93만을 0으로 축소

퇴직 후 돈의 질은 '얼마를 모았는가'가 아니라 '얼마나 예측 가능한 흐름을 만들었는가'로 결정된다.

흐름이 안정되면 돈이 안정되고, 돈이 안정되면 마음이 안정된다.

노후 재정의 핵심은 단 하나다.

돈은 쌓아두는 것이 아니라 흐르게 만드는 것이다. 그리고 그 흐름은 지금 이 순간부터 다시 설계할 수 있다.

오늘의 실천 ──────────────────

"월 기본지출 정하기"

오늘 단 2가지만 해보자.

첫째, 월 지출 4대 항목을 적어라

(식비 / 생활비 / 주거 / 건강)

둘째, 그 지출을 안정적으로 감당할 소득 기반을 적어라

(국민연금, 개인연금, 주택연금, 파트타임, 강의, 배당 등)

오늘 이 두 가지만 명확히 해도 당신의 현금 흐름은 즉시 안정성
이 확보된다.

✱
퇴직 이후에는 '삶의 리듬'이
인생의 질을 결정한다

현금 흐름이 안정되면 걱정의 절반은 사라진다.

그러나 노후를 지탱하는 진짜 힘은 돈의 흐름을 넘어 삶의 흐름, 즉 '리듬'에서 온다.

이제는 돈의 안정 이후에 찾아오는 또 다른 과제를 살펴볼 차례다

퇴직 이후의 삶을 흔드는 가장 큰 요인은 '돈의 감소'가 아니다. 진짜 위기는 리듬을 잃는 데서 시작된다.

그동안 우리의 인생은 회사가 정해준 시간표에 맞춰 움직였다. 몇 시에 일어나야 하는지, 언제 보고서를 제출해야 하는지, 언제까지 성과를 내야 하는지가 모두 정해져 있었다.

일의 속도와 방향이 곧 삶의 속도와 방향이었다.

하지만 퇴직 후에는 세상이 더 이상 나에게 리듬을 배달해주지 않는다. 이제는 내가 나에게 맞는 속도와 패턴을 새로 만들어야

한다.

고정 수입보다 중요한 건 '고정 기쁨'이다.

장경석(57세)씨는 대기업 전략기획팀에서 일하다 퇴직한 후 프리랜서 컨설턴트가 되었다.

수입은 많이 줄었다. 하지만 그는 매달 스스로에게 이렇게 묻는다.

"이번 달, 나의 기쁨은 어디에서 왔는가?"

퇴직 날까지 그의 삶을 움직이던 언어는 성과, 평가, 보고, 승진 같은 '속도 중심의 언어'였다.

지금 그를 움직이는 키워드는 대화, 글쓰기, 작은 강의, 산책, 그리고 쉼이다.

그는 말했다.

"정기 월급이 사라졌지만, 기쁨이 일정해지니까 하루가 흐트러지지 않아요. 지금은 돈보다 내 리듬을 먼저 봅니다."

소득이 줄어도 리듬이 있는 사람은 흔들리지 않는다.

삶의 중심이 돈이 아니라 기쁨의 일정함으로 옮겨가기 때문이다.

삶의 리듬은 '시간의 분산'에서 시작된다

송은택(59세)씨는 회계법인에서 30년을 일했다.

퇴직 직후 자연스레 재취업을 시도했지만, 일은 불규칙했고 금세 지쳐갔다.

그러다 그는 스스로에게 이렇게 물었다.

"나는 일을 중심으로 시간을 쓰고 있는가, 아니면 삶을 중심으로 일을 끼워 넣고 있는가?"

이 질문 하나가 모든 것을 바꿨다.

그는 주간 시간표를 다시 그렸다.

- 월 · 화 · 목 오전 : 파트타임 회계 자문
- 수 · 금 : 운동, 독서, 공부
- 주말 : 가족 · 친구 · 혼자만의 시간

일은 줄었지만, 안정감은 오히려 커졌다.

그는 말했다.

"이전에는 시간이 일에 끌려갔어요. 지금은 일이 내 시간 안에서 움직입니다. 이게 '삶의 리듬'을 갖는다는 거더라고요."

속도가 빠르면 체력도 마음도 금방 소모된다.

이제는 다른 질문이 필요하다.

- 이 속도로 나는 앞으로 10년을 갈 수 있는가?

- 내 시간은 어디에 집중되고, 어디서 새고 있는가?
- 나는 어떤 패턴 안에서 가장 안정되는가?

지금 필요한 것은 빠른 속도가 아니라 지속 가능한 페이스, 높은 성취가 아니라 유지 가능한 루틴이다.

삶의 리듬을 구축하는
6가지 실천 시스템

자신만의 리듬을 구축하고 유지하기 위한 방법을 제안한다.

1) 하루에 '고정 기쁨 1개'를 배치하라

　리듬은 하루 최소 1개의 기쁨이 반복될 때 만들어진다.

　예: 아침 산책, 커피 15분, 책 5쪽, 스트레칭 10분

2) 주 3회 이상 반복되는 활동을 만들어라

　주간 반복 활동은 리듬의 기둥이다.

　예: 헬스, 요가, 도서관 1시간, 친구와 점심, 주말 루틴

3) 일의 비중은 30~40%로 제한하라

　퇴직 후 일은 '중심'이 아니라 '구성요소'다.

일이 과하면 리듬이 일에 끌려간다.

4) 하루 1시간 이상의 '시간 빈칸'을 확보하라

여백은 회복의 원천이다.

계획 없는 시간에서 리듬이 숨을 쉰다.

5) 월 1회 루틴 점검 시간을 확보하라

  - 이번 달 기쁨은 어디서 왔는가

  - 나를 지치게 한 활동은 무엇인가

  - 줄여야 할 활동은 무엇인가

  - 다음 달 넣고 싶은 루틴 1개는?

6) "이 생활을 10년 지속할 수 있는가?"를 체크하라

지속 가능성이 리듬의 기준이다.

리듬은 돈보다 오래 간다

많은 사람이 수입의 곡선을 인생의 곡선으로 착각한다.

하지만 퇴직 후에 더 중요한 질문은 이것이다.

'나는 앞으로 어떤 리듬으로 살고 싶은가?'

돈은 리듬을 만들어주지 못하지만, 리듬은 돈을 쓰는 방식과 삶의 질을 완전히 바꿔준다.

리듬이 잡히면 인생은 덜 흔들리고 삶의 질은 오히려 올라간다. 이제는 '얼마를 버는가'의 시대가 아니라 '어떤 리듬으로 살아가는가'의 시대다.

오늘의 실천 ————————————————————————————

첫째, 오늘 하루에서 '내 리듬을 깨뜨린 요소 1개'를 적어라.
(예: 과한 약속, 불필요한 일정, 속도를 높이는 습관, 감정 소모)

둘째, 그 대신 '내 리듬을 되돌리는 행동 1개'를 바로 넣어라.
(예: 10분 걷기, 커피 한 잔의 여유, 짧은 스트레칭, 책 5쪽, 조용한 멈춤)

삶은 돈이 무너질 때가 아니라 리듬이 무너질 때 흔들린다. 그리고 리듬이 돌아오면 삶도 다시 균형을 잡는다.

✻
돈 다음에 설계해야 할 것은
시간이다

직장을 떠나는 순간, 우리는 실적, 직함, 평가로부터 멀어진다. 그리고 그때 한 가지 질문이 남는다.

"앞으로 나는 무엇으로 기억될까?"

많은 사람이 퇴직 후 공허함을 느끼는 이유는 일이 사라져서가 아니라, 그동안 나를 붙잡아주던 '증명의 이유'가 사라지기 때문이다.

성과, 평가, 책임으로 움직이던 일상의 구조가 무너지면 우리는 갑자기 낯선 빈 공간과 마주하게 된다. 하지만 그 빈 공간은 실패가 아니라 다시 채울 수 있는 여백이다.

퇴직 이후의 경쟁력은 더 이상 '얼마를 벌었는가'가 아니라 '시간을 어떻게 쓰는가'에서 나온다.

우리가 누군가에게 건네는 30분의 대화, 함께 걸어준 10분의 산책, 이 작은 시간이 퇴직 후 인생을 다시 채우는 자산이 된다.

성과는 잊히지만, 사람에게 남긴 시간은 오래 간다.

그래서 이제 새롭게 물어야 한다.

'앞으로 내 시간을 어디에, 어떻게 남길 것인가?'

성과 중심의 삶을 정리하고, '관계자본'으로 전환하다

이충수(56세) 씨는 광고업계에서 30년을 일하며 굵직한 성과를 남겼다.

하지만 은퇴가 가까워질수록 공허함이 커졌다.

"회사 이름 없이, 나는 누구인가?"

그는 마지막 해에 후배 10명에게 직접 메일을 보냈다.

"내가 놓친 점, 서운했던 순간이 있었다면 말해달라"고.

돌아온 답장은 뜻밖이었다.

"힘들 때마다 선배님이 건넨 짧은 말 한마디 덕분에 버틸 수 있었습니다."

"내가 이 일을 계속할 수 있었던 이유가 선배님 때문이었습니다."

그는 깨달았다.

'성과는 시간이 지나면 사라지지만, 시간이 만든 신뢰는 사라지지 않는다.'

취미를 '사람의 기록'으로 바꾸다

김성균(63세) 씨는 오랫동안 취미로 사진을 찍어왔다.

퇴직 후 그는 사진을 단순한 취미에서 '기록'으로 전환했다. 그의 렌즈는 동네 시장 상인, 택배기사, 아이들의 일상을 향했다.

그리고 작은 지역 도서관에서 '이웃의 얼굴들'이라는 사진전을 열었다.

사람들은 "이분, 내가 아는 분이에요"라고 말하며, 사진 앞에서 멈춰 섰다.

그는 말한다.

"사진 한 장이 제 이름을 대신하더군요."

봉사는 나의 새로운 역할이자 임무다

박미순(55세) 씨는 퇴직 후 자신이 사라진 느낌을 받았다. 그러다 청소년 상담센터에서 자원봉사를 시작했다.

학생들의 이야기를 들어주고, 필요한 도움을 연결하고, 그들의 곁에 있어주는 일.

크지 않지만 지속 가능한 역할이었다.

어느 날 딸이 말했다.

"엄마가 누군가에게 도움이 되는 사람이어서, 난 엄마가 자랑스러워."

그 말은 그녀에게 새로운 통찰을 주었다.

"남기는 시간은 거창한 일이 아니라, 지속 가능한 작은 행동에서 만들어진다."

'돈을 남기는 삶'에서 '시간을 남기는 삶'으로

과거의 경쟁력이 '성과와 스킬'이었다면, 지금의 경쟁력은 '기여, 신뢰, 관계, 정서적 자산'이다.

아리스토텔레스는 '탁월한 삶'에 대해 설명하면서 '사람은 업적이 아니라 선의(善意)로 기억된다'고 강조했다.

퇴직 후 인생의 기준도 같다.

'어떤 시간을 누구에게 남겼는가'가 인생 후반부의 품질을 결정한다.

아래 4개의 질문은 후반부 전략 설계에서 결정적인 기준이다.

- 나는 어떤 사람으로 기억되고 싶은가?
- 누구와 어떤 방식으로 시간을 함께 쓰고 있는가?

- 지속 가능한 기여 방식은 무엇인가?

- 내가 가진 경험을 누구에게 어떻게 전달할 것인가?

'시간 자산(Time Capital)' 포트폴리오 : 실전 설계

1) 사람 포트폴리오

이제는 사람을 남기는 시간이 가장 큰 투자다.

- 목표: 관계의 질을 높이고, 후반부의 정체성을 강화하는 시간 배분.

- 구체 전략

*후배 멘토링: 매월 1명, 30분 메시지 혹은 점심 멘토링 예약.

 (예: '조언이 아니라 경험을 공유하는 멘토링')

*이웃, 지역 자원봉사: 1개월에 2시간만 고정 참여. 작은 지속성이 '사회적 자본'을 만든다.

*동료 커뮤니티 유지: 퇴직 전의 인연이 끊기지 않도록 연 4회 정기 모임을 직접 주도.

*가족과의 질 높은 시간: 아들과 '한달에 한권의 책 공유', 배우자와 '주 1회 산책, 카페 루틴'

2) 기여 포트폴리오

퇴직 이후의 영향력은 '성과'가 아니라 '기여'에서 나온다.

- 목표: 사회적 역할, 가치를 유지해 스스로의 존재감을 재구축.

- 구체 전략

*지역 사회 활동: 도서관, 복지센터, 학교에서 강좌, 상담 봉사

(예: '재무 기초 강의', '취업 멘토링', '글쓰기 클래스')

*플랫폼형 멘토링 전환: 블로그, 유튜브, 브런치 등 플랫폼에서 자신의 경험을 공유

*기록 프로젝트(사진, 글, 연구): 매년 1개 주제를 정해 '작은 아카이브'를 만든다.

(예: 사진 기록, 1년 100편 글쓰기, 책 1권 요약 프로젝트, 20년 커리어 경험 매뉴얼화)

*재능기부: 비영리 단체, 사회적 기업, 지역센터 등

3) 정서 포트폴리오

정서가 무너지면 재정도 무너진다. 그러므로 감정의 '기초 체력'을 기르는 루틴이 필요하다.

① 취미 루틴 — '몰입의 시간' 확보

주 1회 90분 '정해진 취미 시간' 확보(예: 사진, 악기, 글쓰기, 요리, 봉사, 그림)

취미를 '결과'가 아닌 '정서 안정 장치'로 인식

② 배움 루틴 — '인지 자극' 유지

주 2회, 30분 '학습 습관' (예: 영어 회화, 경제 뉴스 정리, 독서 10쪽),

'새로운 기술 1개' 연간 습득 목표(캘리그라피, 영상편집 등)

③ 건강 루틴 — '몸의 흐름 유지'

매일 20분 걷기, 월 1회 건강 체크

스트레스 지표('과한 약속 · 과한 소모') 매주 점검

④ 감정 관리 루틴 — '마음의 버퍼' 확보

(예: 나를 유지하는 작은 비용—카페 3회, 마사지, 꽃, 소규모 여행 등)

오늘의 실천 ————————————————————————

후반부 전략을 위한 '1문장·1행동'

첫째, 아래 질문에 답하라.

"나는 어떤 사람으로 기억되고 싶은가?"

(예: 믿어도 되는 사람, 곁을 편안하게 해주는 사람, 함께하면 성장하는 사람)

둘째, 그 사람에 맞는 행동을 오늘 단 한 가지 실행하라.

(예: 안부 메시지, 작은 도움, 진심 어린 한마디, 따뜻한 표정, 누군가의 고민 끝까지 들어주기)

돈은 쓰면 줄어들지만, 오늘 쓴 시간은 당신 인생의 자산으로 축적된다.

4장
내 몸의 목소리를 듣다

체력이 곧 선택권이라는 걸 잊지 마라

무리하지 말고, 작은 신호도 무시하지 마라

걷기 · 호흡 · 수면을 생활의 기본으로 삼아라

운동은 선택이 아니라 필수적 '생존 기술'이다

50 · 60 · 70대를 위한 생존 운동 매뉴얼

✲
체력이 곧 선택권이라는 걸
잊지 마라

우리는 평생 '선택의 자유'를 자연스러운 권리로 여기며 살아왔다.

오늘 누구를 만날지, 어디로 갈지, 무엇을 배울지- 마음만 먹으면 언제든 가능하다고 믿었다.

하지만 나이가 들수록 분명해지는 사실이 있다.

인생에서 가장 먼저 줄어드는 자유는 돈이 아니라 체력이다.

체력이 떨어지는 만큼 선택지는 빠르게 줄어들고, '하고 싶은 일'보다 '할 수 있는 일'을 먼저 고려해야 하는 순간이 찾아온다.

더 이상 체력은 단순한 건강 관리의 문제가 아니다. 앞으로의 삶이 확장될지, 축소될지를 결정하는 핵심 자본이다.

통계도 같은 이야기를 한다.

국민건강보험공단 조사에 따르면 50대의 절반 이상이 이미 하나 이상의 만성질환을 갖고 있으며,

60대의 70%는 관절 · 척추 문제로 일상 활동에 제약을 받는다.

70대의 약 40%가 '신체 기능 저하로 외출을 주저한다'고 응답했다.

체력이 무너지면 선택권이 사라지고, 선택권이 사라지면 삶의 반경은 눈에 띄게 좁아진다.

다시 말해, 체력은 인생 후반부의 가능성 자본(Possibility Capital)이다.

- 무엇을 할 수 있는가?

- 어디까지 갈 수 있는가?

- 누구를 만날 수 있는가?

이 모든 질문의 답은 결국 체력이 결정한다.

"선택지는 많았지만, 갈 힘이 없었던 거에요."

서른의 기세로 일을 몰아치던 차종민(59) 씨를 처음 본 건 1년 전이었다.

그의 말은 이랬다.

"여행도 가고 싶고, 수영도 배우고 싶었지만 몸이 말을 듣지 않았어요. 제 업무 특성상 술자리와 접대가 많다 보니 고혈압 · 고지혈 · 당뇨까지 성인병 3종 세트를 다 갖게 되었어요."

그러던 어느 날, 몸을 살려야 마음이 산다'는 생각에 동네 언덕 길 걷기를 시작했다.

처음엔 10분이 한계였다.

하지만 6개월 후, 그는 수영장 강습 등록증을 보여주며 말했다.

"힘이 생기니 다시 선택할 수 있게 되더라고요."

체력은 곧 선택권이다.

선택권이 있어야 삶은 확장된다.

––––––

"움직이기 시작하니, 사람도 다시 만나지더라고요"

박철균(62세)씨는 은퇴 후 1년 넘게 사람 만나는 일을 피했다.

어딜 가도 금방 피곤해지고 허리가 아파 오래 앉아있기도 힘들었다.

건강검진에서 의사의 한마디가 그의 일상을 바꿨다.

"하루 20분만이라도 걸으세요. 안 그러면 허리가 무너지고, 일상도 무너집니다.."

그 말을 계기로 그는 '20분 걷기'를 시작했다.

한 달이 지나자 놀라운 일이 생겼다.

"산책하다가 동네 사람들과 인사하는 게 자연스러워졌어요. 언젠가부터 약속이 하나둘 생기더라고요."

체력이 회복되자, 닫혀 있던 관계의 문이 다시 열렸다.

"움직이니 생각도 따라 움직이더라고요"

오경순(61세)씨는 은퇴 직후 우울감에 빠졌다.

종일 아무 힘이 나지 않았고, 침대에 누워 시간을 흘려보냈다.

정신과 전문의의 권유로 '햇빛 아래 15분 걷기'를 시작했다. 처음에는 억지로 나갔지만, 2주가 지나자 그의 표정이 달라졌다.

"걷는 15분이 하루의 중심이 되더라구요. 움직이니 생각도 움직였어요."

햇빛 아래에서의 산책은 우울·불안 조절 호르몬인 세로토닌의 분비를 촉진하고, 규칙적인 활동은 수면리듬을 정상화시킨다.

"우울감이 많이 줄고 활력이 생겼어요."

우울은 마음의 문제가 아니라 종종 몸의 정지에서 시작된다는 것을 그는 직접 경험했다.

체력은 감정의 기반이며,
인생의 엔진이다

체력은 기분 좋을 때 쓰는 여유 에너지가 아니다.

힘들 때도 버티고, 귀찮을 때도 움직이게 만들고, 새로운 시도를 할 수 있게 해주는 삶의 엔진이다.

WHO는 말한다.

"50대 이후 체력은 삶의 질 저하 속도와 직결되는 핵심 지표다."

즉, 체력은 운동의 문제가 아니라 삶의 확장성 문제다. 체력이 있어야 배움도, 관계도, 사랑도, 일도 계속된다.

스포츠의학 권위자 켄 쿠퍼는 강조한다.

"건강을 잃으면 자유를 잃는다. 운동은 미래를 지키는 가장 값싼 보험이다."

그렇다. 체력은 내일의 선택권을 지켜주는 유일한 기반이다.

생활 속에서 쉽게 따라하는
'3대 운동 루틴'

헬스장이나 전문 운동이 부담스럽다면 걱정할 필요 없다.

일상 속에서 실천 가능한 운동 루틴만으로도 체력은 충분히 회복할 수 있다.

의학계가 검증한 대표적인 세 가지 운동 루틴을 소개한다.

1) 유산소 운동 – '숨이 차되 대화는 가능한 강도'

- 빠르게 걷기 10~20분
→ 팔을 크게 흔들고, 보폭을 10% 넓히기
- 경사 걷기(효과는 평지의 두 배)
- 일상 속 걷기
엘리베이터 대신 2~3층 계단 오르기
한 정거장 미리 내려 걷기
- 아침 햇빛 걷기 10분
→ 수면 리듬 안정, 기분 회복에 탁월

2) 근력 운동 – 50대 이후 운동은 '하체가 1순위'

A. 의자 스쿼트 - 가장 안전하고 효과적
    - 의자 앞에 서서 엉덩이를 뒤로 빼며 앉았다 일어서기
    - 10회 × 3세트, 세트 간 휴식 1분
    → 무릎 부담 최소 + 허벅지 · 엉덩이 근육 활성화

B. 계단 오르기 5분

    - 발 전체로 딛고 천천히 올라가기

    - 난간을 잡으면 낙상 위험 감소

    → 하체 · 심폐능력 동시 강화

C. 아령 운동

    - 가벼운 아령

    - 팔 굽혀 들기 12회 × 2세트

    - 옆으로 들어 올리기 12회 × 2세트

3) 균형 운동 - 낙상 예방은 '생존 기술'

A. 양발 모으고 10초 서 있기

    - 발을 붙이고 10초 버티기

    - 흔들리면 벽 붙잡고 수행

    → 균형감각의 기초 회복

B. 한쪽 다리 들고 5초 버티기

    - 5초 × 좌 · 우 3세트

    - 벽 · 의자 잡고 시작해도 됨

    → 고관절 · 코어 근육 활성화

C. 뒤꿈치 들기

　　– 벽 잡고 뒤꿈치를 천천히 드는 동작

　　– 10회 × 3세트

　→ 종아리 근육 강화, 계단 · 보행 안정성 증가

오늘의 실천 ————————————————————————

선택권을 넓히는 최소 운동 중 단 하나만 오늘부터 시작하자.

예:

– 엘리베이터 대신 3층까지 계단 오르기

– 1시간마다 자리에서 일어나 1분 스트레칭

– 집 근처 1km 걷기

– 10분 동안 천천히 깊게 숨 고르기

체력은 한 번의 결심이 아니라 짧은 반복의 누적으로 만들어진다.

오늘의 10분이, 내일의 선택권을 지켜준다.

*
무리하지 말고,
작은 신호도 무시하지도 마라

"좀 지나면 괜찮아지겠지."

우리는 오랫동안 몸을 '견디는 존재'로 착각하며 버텨왔다. 허리가 뻐근하고 어깨가 찌릿해도, 속이 쓰리고 가슴이 답답해도, '금방 나아지겠지' 하고 대충 넘겼다.

하지만 50대 이후의 몸은 이전과 다르다.

몸의 신호는 단순한 통증이 아니라 '지금 멈추지 않으면 더 큰 문제를 일으킨다'는 경고다.

그래서 지금 우리는 두 가지 태도를 반드시 가져야 한다.

첫째, 무리하지 않을 것.

일, 식사, 운동, 술, 담배- 지나치면 독이 된다.

둘째, 작은 신호를 절대 무시하지 않을 것.

몸은 우리가 생각하는 것보다 훨씬 먼저, 훨씬 정직하게 위험을 알려준다.

위산이 역류한다면 이는 식도가 보내는 SOS이고, 뒷골이 당기면 혈압이 상승하고 있다는 뜻이다.

이 작은 신호들을 무시하면 퇴직 이후의 삶은 어느 날 갑자기 급전직하로 떨어지고, 삶 전체가 '환자 모드'로 전환될 수 있다.

하버드 의대 조지프 메르콜라 교수는 이렇게 경고한다.

"몸이 속삭일 때 듣지 않으면, 언젠가 몸은 비명을 지른다."

몸의 신호는 두려움의 대상이 아니라, 향후 발병할 질환을 미리 알려주는 고마운 알람이다.

"쉬는 법을 배웠더니 살겠더라고요"

김재홍(56) 씨는 회사에서 갑작스러운 어지럼증으로 쓰러졌다. 검사 결과는 좋지 않았다.

"몸이 오래전부터 경고를 보냈을 텐데요."

의사의 말이었다.

20년 넘게 작은 회사를 운영하며 '버텨야 산다'는 신념 하나로 살았다.

그러나, 퇴원 후부터 그는 달라졌다.

주 3일 출근, 오후 1시 퇴근으로 일을 과감하게 줄였다.

나머지 여유 시간에는 산책, 낮잠, 독서를 즐기기 시작했다.

"처음엔 쉬는 게 죄책감이었어요. 근데 쉬고 나니 오히려 일의 흐름이 더 선명하게 보이더라고요."

그는 뒤늦게 깨달았다.

내가 무너지면, 회사도 일도 가족도 지켜지지 않는다는 사실을.

'통증을 무시하는 습관'이 문제였다

"진통제 대신, 내 몸을 들여다보기 시작했어요"

현성민(62세)씨는 30년 약사 생활을 했지만 정작 자신의 통증은 늘 '약으로 눌러왔다'.

무릎의 묵직한 통증도 처음엔 그냥 "나이 탓이겠지" 하고 넘겼다. 그러나 계단 내려가는 것까지 힘들어지자 그제야 '이건 신호구나' 하고 받아들였다.

그날 이후, 근력 운동, 체중 조절, 항염 식단을 1년 넘게 실천했다.

"통증이 완전히 사라진 건 아니지만 예전처럼 무시하거나 진통제로 덮지 않아요. 몸이 보내는 속삭임을 듣는 법을 배운 거죠."

그는 자신의 경험을 토대로 약국 문 앞에 작은 문구를 붙여두었다.

"몸의 작은 신호부터 들어주세요."

작은 신호를 무시하면
인생의 반경이 줄어든다

많은 사람들이 몸을 '내가 끌고 가야 하는 노동력'으로 여긴다. 하지만 진실은 정반대다.

몸은 매 순간 우리를 지켜주는 존재다. 넘어지지 않도록 먼저 신호를 보내고, 잘못된 길로 가면 방향을 돌리라고 알려준다.

작은 신호를 무시하면 인생의 반경이 줄어들고, 그 반경이 줄어들면 삶의 기회도 함께 줄어든다.

이제는 억지로 버티는 삶이 아니라 몸과 함께 협력하는 삶을 배워야 한다.

오늘의 실천 ─────────────────────────

오늘 1분만 투자해서, 내 몸이 보내는 신호를 체크하자.

- 평소보다 심한 피로

- 허리, 무릎의 통증

- 속쓰림, 더부룩함

- 반복되는 목, 어깨의 통증

- 잠이 자꾸 깨는 패턴

- 이유 없는 두근거림

해당되는 증상이 있다면 주의를 기울이고, 증상이 나아지지 않고 지속된다면 전문의를 만나 상담하라.

몸은 말이 없지만, 단 한 번도 우리를 속인 적이 없다.

몸이 보내는 신호와 의심해야 할 질환 리스트

아래는 50대이후 자주 나타나는 신호와 그 의미다.

1) 통증 신호

몸의 신호	의심해야 할 원인	바로 할 대응
뒷목이 당기고 무거움	고혈압, 긴장성 두통, 경추 디스크	혈압 체크 → 스트레칭 → 24시간 지속 시 진료
가슴이 조이는 느낌, 등 통증 동반	협심증 · 심근경색 초기	즉시 휴식 → 5분 지속 시 응급실
허리 · 엉치 통증	요추 디스크, 척추관협착증	가벼운 걷기로 혈류 증가 → 2~3일 지속 시 진료
무릎 통증	퇴행성 관절염, 연골연화증	얼음찜질 10분 → 체중 관리 점검

2) 에너지 · 기능 신호

몸의 신호	의심해야 할 원인	바로 할 대응
이유 없는 극심한 피로	갑상선 기능 저하, 빈혈, 당뇨	혈액검사 예약 → 수면 · 식단 점검
아침에 일어나도 개운하지 않음	수면무호흡증, 스트레스 과부하	30분 일광 산책 → 수면 시간 점검
움직일 때 숨이 쉽게 참	심폐 기능 저하, 빈혈	5분 느린 걷기 반복 → 악화 시 검사

3) 소화 · 내장 신호

몸의 신호	의심해야 할 원인	바로 할 대응
식후 속쓰림 · 역류	역류성 식도염, 위염	자극식 피하기, 금주 → 3일 지속 시 진료
오른쪽 옆구리 통증	담낭 문제, 지방간	지방 섭취 줄이기 → 초음파 검진
잦은 더부룩함	기능성 소화불량, 위염	식사량 줄이고 천천히 먹기

4) 정신 · 신경 신호(50대 이후 급증)

몸의 신호	의심해야 할 원인	바로 할 대응
이유 없는 가슴 두근거림	불안 장애, 심방세동 가능성	3분 호흡 조절 → 지속 시 진료
아침부터 무기력 · 집중 저하	우울증 초기, 만성 스트레스	산책 10분 → 일기 · 감정 기록
기억력이 갑자기 떨어짐	수면 부족, 경도인지장애	수면 패턴 체크 → 악화 시 검사

5) 순환 · 감각 신호

몸의 신호	의심해야 할 원인	바로 할 대응
손발 저림	당뇨합병증, 말초신경병증, 관절염	혈당 체크 → 스트레칭
발바닥 통증	족저근막염	발바닥 스트레칭 1분 × 3회

시야 흐림	당뇨망막병증, 황반변성	안과 진료 예약

중요한 것은 '조기 발견'과 '빠른 대응'이다.

신호를 빨리 읽을수록 회복 속도는 빠르고, 삶의 손실은 줄어든다.

걷기·호흡·수면을
생활의 기본으로 삼아라

우리는 어느 순간부터 건강을 '복잡하게' 관리하기 시작했다.

수십 가지 영양제, 효과 좋다는 운동기구들, 쏟아지는 건강 콘텐츠까지. 어느 게 진짜 효율적인지 판단하기도 어려울 정도다.

하지만 의사, 트레이너, 연구자들이 공통적으로 말하는 한 문장이 있다.

"중년 이후의 건강을 지키는 건 화려한 처방이 아니라, 가장 기본이다."

그 기본이란 단 세 가지다.

걷기, 호흡, 수면.

이 세 가지가 안정되면 혈압, 혈당, 관절, 체중, 기분, 스트레스까지 열 개 이상의 지표가 동시에 좋아진다.

반대로, 이 기본이 흔들리면 아무리 좋은 운동법과 치료법도 오래 가지 않는다.

통계에 따르면

- 50대 이상의 67%가 수면 문제를 경험하고,

- 60대 이상 40%는 만성 호흡 장애를 갖고 있으며,

- 50대 이상 성인 3명 중 1명은 걷기 통증을 동반한다.

수면, 호흡, 걷기에 어려움을 겪기 시작하면, 만성질환 발생 위험이 52%까지 증가한다.

즉, 기본이 무너지면 삶 전체가 흔들리고, 기본이 바로 서면 건강은 다시 돌아온다.

"걷기만 바꿔도 인생이 바뀌더라"

서혜란(58세)씨는 3개월 전까지만 해도 계단 앞에서 망설였다.

척추관협착증이 있어 걷는 것 자체가 두려웠기 때문이다.

그러나 정형외과 의사의 한마디가 그를 일으켰다.

"걷지 않으면 더 아픕니다. 걸으셔야 덜 아파요."

그 말을 믿고 매일 30분씩 걸었다.

초반에 힘들었지만 3개월이 지나자 계단을 오르는 데 힘이 덜 들고, 통증도 서서히 줄기 시작했다.

"걷는 게 치료였다는 걸 이제 알겠어요."

걷기는 손상된 디스크를 회복시켜주고, 혈액순환을 개선하며,

우울감까지 낮추는 가장 저렴하면서도 가장 강력한 운동이다.

"걷지 못하면 운동도 못 하는 줄 알았어요"

진재수(61세) 씨는 무릎 연골 손상 때문에 걷는 운동을 거의 포기하고 있었다.

"밖을 못 걸으면 실내에서 자전거를 타세요. 걷기보다 관절 부담이 훨씬 적습니다."

재활의학 전문의의 권고에 따라 그는 거실에 작은 실내 자전거를 놓고 하루 10분씩 페달을 밟기 시작했다.

첫날에는 무릎 통증이 걱정돼 조심스러웠지만 일주일만에 놀라운 변화가 찾아왔다.

"붓기가 빠지고, 다리가 덜 뻣뻣한 느낌이 들더라고요."

2주 후, 그는 시간을 20분으로 늘렸다.

혈압이 안정되고, 숨도 덜 차고, 무엇보다 통증이 '관리 가능한 수준'으로 변했다.

"걷지 못해도 운동을 할 수 있다는 게 이렇게 큰 희망인지 몰랐습니다."

걷는 것이 두렵거나 어려운 사람에게 실내 자전거는 가장 현실적인 회복 운동이다. 관절 부담은 적고, 심폐 기능은 빠르게 올라간다.

집 안에서 언제든 자신의 리듬대로 할 수 있다는 점도 큰 장점이다.

"숨을 제대로 쉬었더니 모든 것이 달라지더군요"

김명수(63세)씨는 10년 넘게 비염과 만성 기관지염에 시달렸다.

호흡이 얕아지니 늘 피곤하고, 오후만 되면 집중력이 떨어졌다.

의사는 이렇게 설명했다.

"얕은 호흡은 산소 공급을 줄여 피로 · 무기력 · 집중력 저하를 일으킵니다. 50대 이후는 폐기능 유지가 곧 건강의 기본입니다."

그날 이후 그는 하루 5분 '복식호흡 루틴'을 만들었다.

코로 크게 들이쉬고, 배를 부풀렸다가 천천히 길게 내쉬는 단순한 방법이었다.

"처음엔 별 효과 없는 줄 알았어요. 그런데 한 달이 지나니 아침에 머리가 맑고 숨이 덜 막히더라고요."

호흡은 단순한 생리작용이 아니다. 심박수, 스트레스 반응, 피로도까지 조절하는 전신 컨트롤 시스템이다.

"수면이 바뀌니 삶이 달라졌어요"

박정수(64세)씨는 10년 넘게 수면 장애를 방치했다.

최근들어 피로는 깊어지고 집중력과 기억력까지 떨어졌다.

수면 클리닉 검사 결과는 예상보다 심각했다.

수면무호흡증과 수면단절증후군.

치료와 함께 서서히 수면 습관을 바꾸자, 몇 년 동안 그를 괴롭히던 두통과 피로가 빠르게 호전됐다.

"의사 선생님이 그러더라고요. 우리 나이에는 다른 약보다도 잠이 보약이라고요. 8시간 자면 약 대신 몸이 스스로 회복한대요."

지금 그는 밤 11시 이전 취침, 저녁 6시 이후 카페인 금지 등 자신만의 수면 원칙을 철저히 지킨다.

"이 나이에 개운한 아침이 다시 올 줄 몰랐어요."

이 세가지는 누가 대신해줄 수 없다.

걷기, 호흡, 수면.

이 세 가지는 누가 대신해 줄 수도 없고 병원에서 처방받을 수도 없다.

의사들이 늘 하는 이 말은 진리에 가깝다.

"약보다 먼저 바뀌어야 하는 것은 생활습관이다."

퇴직 이후의 건강을 지탱하는 기둥은 화려한 프로그램이 아니라 걷기·호흡·수면이라는 가장 단순하면서도 가장 강력한 기본이다.

그리고 이 기본이 남은 생애를 지키는 삶의 엔진이 된다.

오늘의 실천 ─────────────────────────

오늘 단 하나만 선택해 실행하자.

- 30분 걷기

속도보다 '꾸준함'이 핵심

- 5분 깊은 숨쉬기

복식호흡 10회만 해도 폐가 깨어난다

- 밤 11시 이전 잠들기

수면의 질은 '몇 시간'보다 '언제 자느냐'가 좌우한다

작은 변화 하나가 내일의 컨디션을, 그리고 인생 후반부의 건강을 바꾼다.

*

운동은 선택이 아니라
필수적 '생존 기술'이다

50세 이후 몸은 구조적으로 바뀐다.

더 이상 '운동하지 않아도 유지되는 몸'이 아니다.

- 근육량은 매년 1%씩 감소하고
- 심폐 기능은 30~40% 저하되며
- 균형감각은 60세 전후로 급격히 떨어져 낙상·골절 위험이 커진다.
- 걷기 능력이 저하되면 치매 위험은 2배로 증가한다.

이 모든 변화는 단 하나의 결론을 향한다.

운동은 더 이상 '체중 관리'의 영역이 아니다. 남은 생을 지탱하기 위한 생존 구조를 다시 설계하는 일이다.

운동을 하지 않는다는 것은 보험료를 내지 않고 보험 혜택을 기대하는 것과 같다.

노후의 신체는 저절로 유지되지 않는다. '관리'가 아니라, 미래를 위한 투자가 필요하다.

근감소증을 늦추는 유일한 기술, 근력 운동

근감소증은 WHO가 규정한 독립된 질병이다.

65세 이상 낙상·골절 환자의 40% 이상이 근감소증에 해당한다.

근육이 줄어들면 신체 전체의 인프라가 동시에 흔들린다.

- 보행 속도 저하 → 심혈관 위험 증가

- 균형 능력 감소 → 낙상 위험 증가

- 기초대사량 감소 → 체중 증가, 면역력 저하

- 혈당 조절 능력 저하 → 당뇨 악화

도로가 좁아지면 교통망이 마비되듯, 근육이 줄면 몸의 모든 시스템이 동시에 무너진다.

근감소증을 늦출 수 있는 행동은 단 하나다.

'근력 운동'

걷기는 기능을 '유지'하지만, 근력을 되돌리는 힘은 오직 근력 운동뿐이다.

심폐 기능의 유지 여부가
'외출'과 '관계'를 결정한다

심폐 기능은 50대 이후 10년 단위로 급격히 떨어진다.
심폐 능력이 저하되면

- 10분만 걸어도 숨이 차고
- 외출이 줄어들며
- 우울증 위험은 2배로 증가한다.

심폐기능을 끌어올릴 수 있는 행동은 단 두 가지뿐이다.
첫째, 꾸준한 유산소 운동
둘째, 심박수를 높이는 인터벌 운동
수많은 의료진이 '걸어야 산다'라고 말하는 데는 다 이유가 있는 거다. 특히, 심폐 기능을 지키는 것은 '사회적 고립'을 막는 심리적 안전장치이기도 하다.

균형 능력은 70대 생존율을 결정짓는 '감춰진 변수'

주변에서 이런 얘기, 한두 번쯤 들어본 적 있을 거다.

"정말 정정하던 분이셨는데, 낙상사고 이후 갑자기 위독해지셨어."

60세 이후 낙상은 모든 질환 악화의 시작점이다.

- 고관절 골절 환자의 20%는 1년 내 사망
- 낙상 후 50%는 독립성 상실
- 70대의 균형 기능은 20대의 40% 수준

균형 훈련은 10분만 투자해도 낙상 위험을 절반으로 낮춘다.

그러나 대부분의 사람은 '균형 능력'의 중요성을 모른다.

설사 안다고 해도, 미루고 미루다 결국 의사로부터 '운동 처방'을 듣는 순간에야 운동을 시작하게 된다.

하지만 그 시점에서의 운동은 이미 '재활'에 가깝다.

늦기 전에 해야 한다.

운동은 선택이 아니라 생존이다.

약 없이 운동으로 고지혈증과 당뇨를 극복하다

운동을 시작한 지 3개월 만에 약 없이 콜레스테롤과 혈당을 잡은 윤석만(54) 씨는 이렇게 말했다.

"이렇게 직접적으로 몸이 변할 줄은 몰랐어요."

그가 택한 운동은 주 3회 걷기, 그리고 가벼운 근력운동. 그뿐이었지만 3개월 후 혈당이 안정되고 콜레스테롤 수치도 떨어졌다.

유산소 운동은 직접적으로 혈당수치를 내리고, 지방을 분해시킨다. 약보다 근본적인 개선 효과를 기대할 수 있다.

스트레스를 없애는 가장 현실적인 방법, '슬로우 러닝'

김윤진(56세)씨는 30년간 가까이 재무회계 일을 하며 극심한 스트레스와 불면을 겪었다.

퇴직 후 그는 TV에서 우연히 본 '슬로우 러닝'을 시작했다. 걷기보다 조금 빠른 속도, 관절에 무리 없는 운동이다.

6개월 후 그는 완전히 달라졌다.

"달리는 동안 머리가 비워져요. 내가 나를 데리고 다니는 느낌이랄까요."

운동생리학 연구에 따르면, 유산소 운동 20분만으로도 코르티솔(스트레스 호르몬)은 감소하고 엔도르핀(행복 호르몬)은 분비된다. 우울과 불안 감소에 매우 효과적이다.

의학적 · 생리학적으로 운동은 약보다 강하고, 수술보다 효과적이며, 인생 후반부 삶의 질을 결정짓는 가장 강력한 변수다.

운동은 취미가 아니라 생존 기술이며, 오늘의 내가 내일의 나를 살려내는 기술이다.

오늘의 실천

운동을 습관으로 만드는 3가지 규칙

1. 1일 10분 원칙

시간보다 지속성을 먼저 챙겨라. 10분을 지키면 20~30분은 자연스럽게 따라온다.

2. 몸이 원하는 운동부터 시작하기

아픈 부위는 피하고, 편안한 움직임부터 시작하라.

지속 가능성이 핵심이다.

3. 일상 속 '운동 환경'을 만들어라

운동화 꺼내두기, TV 앞에 아령 두기, '운동 시간' 알람 설정 등 환경이 바뀌면 몸도 따라 움직인다

50·60·70대를 위한 생존 운동 매뉴얼

운동을 "해야 한다"에서 "할 수 있다"로 바꿔주는 현실적 접근 전략

■ **50대를 위한 운동 – 기초 체력 회복기**

  – 핵심 위험

    근감소증 초기 시작

    복부비만과 대사기능 저하

    수면의 질 저하

    스트레스 · 우울감 증가

    고혈압 · 당뇨 · 고지혈증 전조 단계

  – 운동 목표

    '기초 체력 재건'의 시기

    근육 보존 + 심폐 기능 강화 + 유연성 회복을 동시에 노린다.

  – 실전 운동

    1. 주 3회 근력운동

      스쿼트 10회 × 3세트

런지 10회 × 3세트

플랭크 20～30초 유지

2. 하루 7,000보 걷기

혈당, 체중, 기분 조절에 즉각적인 효과

3. 주 1회 '땀이 날 정도의 힘든 운동' 추가

빠르게 걷기, 자전거, 수영 등

50대의 핵심은 '근육을 지키고, 심폐를 깨우는 것'이다.

바로 이 시기의 운동 습관이 60대와 70대의 건강을 결정짓는다

■ 60대를 위한 운동 – '유지 · 예방' 중심

– 핵심 위험

낙상 · 골절 위험 증가

균형 능력 상실

심폐 기능 저하

생활 체력이 눈에 띄게 떨어지는 시기

- 운동 목표

  관절을 보호하면서 체력을 안전하게 유지하는 단계

  '낙상 예방 + 균형 강화 + 심폐 건강 유지'가 핵심이다

- 실전 운동

  1. 밸런스 운동(매일 3~5분)

     한 발 서기 10초 × 5회

     뒤꿈치 · 발끝 걷기

  2. 근력운동은 '가볍게, 그러나 꾸준히'

     의자 스쿼트

     벽 푸시업

     → 관절 부담을 최소화한 안전한 근력운동

  3. 관절 친화적 유산소 운동

     실내 자전거

     수중 걷기

     슬로우 러닝

  60대는 '무리하지 않지만 끊기지 않는 운동'이 생명을 지킨다.

■ 70대를 위한 운동 – 생활 독립성 강화

– 핵심 위험

　근감소증 심화

　낙상 후 더딘 회복

　호흡기 · 심혈관 질환 증가

　활동 반경의 급격한 축소

– 운동 목표

　일상생활을 혼자 수행할 수 있는 능력 유지

　근감소증 예방 + 균형 능력 유지 + 심폐 기능 보존

– 실전 운동

1. 의자 기반 근력운동 (안전 최우선)

　의자에서 일어나기 10회 × 3세트

　가벼운 밴드 운동(팔,다리 강화)

2, 1일 20~30분 천천히 걷기

　속도보다 '끊기지 않는 꾸준함'이 더 중요

3. 호흡 운동/ 가벼운 요가

폐활량 유지

긴장 완화

어지럼증, 불면 개선

4. 계단 오르기(가능한 경우)

무릎 · 허리 통증이 없다면 1~2층 정도

하체 · 심폐 · 균형을 동시에 강화하는 최고의 운동

70대의 핵심은 '근육을 잃지 않고, 넘어지지 않는 것'이다. 이
두 가지만 지켜도 삶의 독립성은 크게 유지된다.

5장
내 삶의 속도를 늦추고 중심을 세워라

느리게 사는 건 '덜' 사는 게 아니라 '다르게' 사는 것이다

나만의 루틴은 '흔들리지 않는 나'를 설계하는 기술이다

혼자 있는 시간이 '흔들리지 않는 마음'을 만든다

조급함을 다루는 능력이 곧 삶의 품격이다

중심을 되찾은 사람은, 이제 '자기만의 결'을 만든다

느리게 사는 건 '덜' 사는 게 아니라 '다르게' 사는 것이다

인지과학 연구에 따르면, 사람의 뇌는 50대 이후부터 '빠른 속도'에 노출되면 오히려 만족감이 떨어지고 정서 안정성까지 흔들리기 쉽다고 한다.

속도가 빨라지면 몸은 따라갈지 몰라도 마음은 종종 뒤처지는 것이다.

그래서 이 시기엔 '얼마나 빨리 가느냐'보다 '어떤 속도가 지금의 나를 안전하게 지켜주는가'의 판단이 더 중요해진다.

속도를 늦추는 건 포기가 아니다. 오히려 내 삶의 리듬을 회복하는 과학적 전략이다.

틱낫한 스님은 말했다.
"느리게 걸어야만 그 길 위의 꽃이 보인다."
삶이 길어졌고, 남은 시간은 재촉한다고 더 많아지지 않는다.

속도를 늦추는 건 나의 잃어버린 감각을 되찾기 위한 선택이다.

느림은 50대 이후
삶의 '핵심 운영 전략'이다

문화인류학에서는 덴마크의 행복 문화를 설명할 때 '휘게(Hyg-ge)'라는 개념을 자주 사용한다.

휘게는 화려한 성취가 아니라 조용한 만족을 느끼는 능력이며, 바쁜 일정이 아니라 일상의 감각이 주인이 되는 상태를 뜻한다.

촛불 하나 켜고 따뜻한 스프를 먹는 저녁, 무릎담요를 덮고 읽는 책 한 장, 가까운 숲길을 천천히 거니는 시간- 이것이야말로 삶을 깊게 만드는 '느린 만족'이다.

달라이 라마 역시 이렇게 말했다.

"행복은 더 많이 성취해서 오는 것이 아니라, 더 많이 느끼고 감사해서 온다."

––––––

"서두르지 않자, 시간의 주인이 되었습니다."

문태식(60세) 씨가 퇴직을 앞두고 가장 먼저 느낀 것은 '나는 하루를 살았다기보다 하루에 끌려다녔다'는 사실이다.

그는 작은 실험을 시작했다.

버스 대신 40분을 걸어 출근하기로 했다.

처음에는 전신이 쑤시고, "그냥 택시를 부를까." 하는 생각이 계속 따라다녔다.

하지만 3주가 지나자 변화가 찾아왔다.

머릿속이 조용해졌다. 속도가 느려지자 오히려 하루가 선명해졌다.

퇴직 후에도 그는 이 습관을 이어가며 말한다.

"조금만 여유를 두니, 하루가 제 속도에 맞춰 흘러가기 시작했어요."

"속도를 늦추자, 오히려 삶이 제자리로 돌아왔습니다."

전규영(61세) 씨는 정년퇴직 후 시간이 많아지자 오히려 불안과 초조함에 시달렸다.

빈 시간을 견디지 못해 일정을 빽빽하게 채웠다.

동창 모임, 운동, 봉사, 각종 사교 약속들...

달력엔 빈칸이 없었지만 몸은 더 지치고, 마음은 더 흔들렸다.

결국 그는 만성 스트레스 진단을 받았다.

그제야 그는 스스로에게 물었다.

"나는 왜 이렇게까지 바쁘게 살아야 했을까?"

그 질문 하나가 그의 속도를 되돌렸다.

약속의 절반을 줄이고 아침마다 명상과 요가에 집중했다.

수개월이 흐른 후, 그는 말했다.

"잡다한 활동을 걷어내니 삶이 오히려 더 깊어졌어요."

느림은 멈춤이 아니라, '중심을 되찾는 기술'이다

속도를 늦추면 뒤처질까봐 불안할 수 있다.

하지만 실제로 뒤처지는 건 너무 빠른 속도에 휘말린 나 자신이다.

느림은 멈추는 행위가 아니라 내 삶의 중심을 다시 세우는 기술이다.

'남의 기준'으로부터 '나의 기준'으로

'외부의 속도'로부터 '내 호흡의 속도'로

'의무 중심'으로부터 '감각 중심'으로-

시선을 돌릴 때 퇴직 이후의 삶은 불필요한 흔들림을 멈춘다.

속도를 낮추는 일은 뒤로 물러나는 것이 아니라, 앞으로의 삶을 더 오래, 더 충만하게 살아가기 위한 첫 걸음이다.

오늘의 실천 ──────────────────────────────

오늘 단 하나의 행동을 평소보다 절반의 속도로 해보자.

– 천천히 걷기

– 천천히 식사하기

– 답변하기 전에 3초 쉬기

– 마음이 급할 때 숨 한 번 더 들이쉬기 등

속도가 늦춰지는 만큼 감각은 또렷해지고 마음은 어느새 제자리
를 찾아온다.

✱
나만의 루틴은 '흔들리지 않는 나'를 설계하는 기술이다

퇴직자의 하루는 얼핏 보면 '시간이 많아진 하루'처럼 보인다.

사실은 그렇지 않다.

시간이 많아진 것이 아니라, 시간의 구조가 사라진 하루가 시작된 것이다.

직장 시절에는 출근 · 회의 · 업무 · 마감이 자동으로 하루의 틀을 잡아주었다. 그러나 이 틀이 사라지는 순간 하루는 젖은 종이처럼 흐물거리고, 마음은 방향을 잃은 채 떠돌기 쉽다.

심리학에서는 이를 '규칙 상실의 불안'이라 부른다.

익숙한 일상적 패턴이 무너질 때 찾아오는 막막함, 초조함, 통제감 상실을 말한다.

기댈 질서가 사라지면 감정은 요동치고, 행동은 흐트러지며, 자존감과 방향감각마저 흔들린다.

퇴직 이후의 루틴은 더 이상 '성공하기 위한 습관'이 아니다. 흔들리지 않는 나를 지키는 최소한의 구조이자 생존적 장치다.

시간의 주인이 되려면,
시간을 먼저 '설계'해야 한다

퇴직을 앞두면 흔히 이렇게 생각한다.

'이제 시간이 많으니, 뭐든 할 수 있겠지.'

하지만 시간이 많아질수록, 불안이 커진다.

왜냐하면 주인이 없는 시간은 언제나 사람을 집어삼키기 때문이다.

나는 종종 퇴직자의 하루를 이렇게 설명한다.

"당신에게는 하루에 24개의 서랍이 있다. 문제는 그 서랍이 텅 비어 있고, 이름표조차 붙어 있지 않다는 것이다."

서랍들이 텅 비어 있으면 어떻게 될까?

사람은 결국 가장 쉬운 것, 손에 잡히는 것 – TV, 스마트폰, 잡념 을 우선 여기저기에 쑤셔 넣는다.

그렇게 지내다 보면 '나의 하루를 살았다'는 감각이 옅어진다.

반대로 각 서랍에 자신에게 꼭 필요한 내용물을 채우고, '이 시간은 무엇을 위한 시간인가'라는 이름표를 붙이는 순간, 하루 전체의 주도권은 나에게 온다.

이처럼 시간의 주인이 되고 싶다면, 먼저 능력있는 하루 설계자가 되어야 한다.

루틴은 감정 변동을 줄여주는 일상의 안전장치다

퇴직 이후에는 감정이 더 쉽게 흔들린다.

체력, 집중력, 수면, 관계의 온도까지 어제와 오늘이 다르고, 이 변동성은 '나를 믿는 감각', 즉 자기 효능감을 지속적으로 떨어뜨린다.

이때 루틴은 하나의 버팀목이 된다.

에모리 대학 연구팀은 '일상 행동의 예측 가능성은 정서적 불안을 30% 이상 낮춘다'고 말한다.

하버드 의대 연구팀 역시 '루틴은, 스트레스 호르몬 분비를 억제해 감정의 기복을 안정시키는 핵심 요소'라고 분석한다.

루틴은 습관이 아니라 감정 관리 기술이며, 퇴직 이후의 '하루 운영 시스템'이다.

루틴이 없으면 생기는 3가지 위험

루틴 부재가 만드는 전형적인 문제는 다음과 같다.

1. 하루의 기점이 사라진다

   - 늦은 기상, 흐트러진 시작은 그날의 자책과 무력감을 부른다.

2. 감정이 불규칙해진다

   - 불안과 무기력이 예고 없이 찾아오고, 작은 일에도 감정이
     출렁인다.

   - 행동의 기준이 없어지고 결정 장애를 겪는다.

   - 선택지가 많아질수록 피로는 급격히 증가한다.

3. 내일을 설계할 힘이 약해진다

   - 자기효능감이 떨어지면 미래를 보는 눈도 함께 흐려진다.

루틴을 만들 때 필요한 3가지 설계 원칙

퇴직 이후의 루틴은 의지나 근성으로 유지되지 않는다.
지속 가능한 구조를 만드는 설계의 문제다.

1. 하루 중 가장 안정적인 시간에 배치하라

   사람마다 컨디션이 좋은 시간이 다르다. 아침형 · 저녁형보
   다 중요한 것은 '가장 효율적인 시간'을 찾는 것이다. 그 시간
   에 루틴을 고정하면 유지율이 가장 높다.

2 . 시작 신호(Trigger)를 명확히 만들어라

루틴은 '하고 싶은 마음'으로 유지되지 않는다. 시작 신호가

있어야 자동화된다.

– 특정 음악

– 특정 장소

– 가벼운 준비 동작

– 손에 잡히는 도구 하나

이런 작은 신호가 루틴의 엔진을 켠다.

3. 루틴을 방해하는 요소를 먼저 제거하라

스마트폰 알림, TV 리모컨, 갑작스러운 집안일 개입 등.

루틴은 '추가'가 아니라 '제거'에서 시작된다.

방해 요소를 없애는 것이 의지력보다 훨씬 효과적이다.

───

"점심 준비 루틴으로 하루의 중심을 되찾았습니다."

민준기(62)씨는 퇴직 후 아무 이유 없는 감정의 바닥을 자주 경

험했다.

그러다 상담 전문가로부터 '예측 가능한 하루는 감정의 낙폭을

줄인다'는 말을 들었다.

그는 그날부터 '점심 준비 30분 루틴'을 도입했다.

특별한 요리를 하는 게 아니다.

매일 같은 시간에 채소를 씻고, 냄비를 올리고, 식탁을 정리하는 아주 단순한 과정이었다.

하지만 이 반복은 그의 하루를 다시 붙들었다.

'하루의 기점'이 생기자 감정은 덜 흔들리고 하루의 구조가 다시 살아났다.

그는 말했다.

"루틴이 큰 성취를 주지는 않아요. 하지만, 저의 하루가 다시 '작동하게' 해줬어요."

"10분 프로젝트가 '개선하는 인간'으로 복귀시켰어요."

기한성(56)씨는 희망퇴직 후 마음이 크게 흔들렸다.

하루 종일 아무것도 하지 못한 채 저녁을 맞는 날이 이어졌다.

그런데 어느 날, 기사 한 줄이 이상하리만치 마음을 건드렸다.

지나가듯 읽은 문장이었지만 왠지 그는 그 문장에서 눈을 떼지 못했다.

'하루 10분, 집의 한 부분을 개선하라.'

바로 그날부터 '10분 집안 프로젝트'를 루틴으로 만들었다. 사소하지만, 그 행동의 결과를 눈으로 확인할 수 있는 것들이었다. 예를 들면, 냉장고 자석 정리, 욕실 선반 닦기, 묵은 수건 교체하기, 흔들리는 의자 나사 조이기 등. 이렇듯 작은 개선 행위들은 예상보다 큰 심리적 변화를 일으켰다.

"집이 변한 게 아니라, 제가 변했어요."

작은 개선이 쌓이면 사람은 다시 '움직이는 인간'이 된다.

———

"30분 관심 수집이 제 감정을 유연하게 만들었습니다."

고상훈(60)씨는 퇴직 후 예민함이 늘고 가족과 부딪히는 일이 많아졌다.

그러다 옛 직장 동료로부터 '새로운 정보가 줄면 감정이 경직된다.'는 말을 들었다.

그는 즉시 '30분 관심 수집'이라는 루틴을 만들었다.

어떤 주제든 '오늘 끌리는 것'이라면 30분간 파고드는 방식이다.

자연 다큐, 사진 보정 앱 사용법, 고양이 행동학, 피아노 내부 구조, 세계 도시의 탄생사 등

사소해 보이는 정보들이었지만, 자료를 찾고 분리하고 정리하는 과정에서 그는 오랜만에 '알아가는 기쁨'과 '묘한 성취감'을 느꼈다.

얼마 지나지 않아 그는 스스로 변하고 있음을 깨달았다.

사람에게 휘둘리는 예민함은 줄고, 마음은 더 부드러워지고, 자존감은 천천히 제자리를 찾아갔다.

"새로운 걸 조금씩 알아갈수록, 마음이 굳을 틈이 없더라고요."

루틴은 '속도'를 높이는 기술이 아니라 '중심'을 세우는 기술이다

퇴직 이후의 삶이 조급해지는 이유는 비교할 기준이 사라졌기 때문이다.

그러나 루틴이 생기는 순간 삶은 다시 중심을 잡는다.

루틴은 속도를 재촉하지 않는다. 대신 이렇게 말한다.

"너다운 시간으로 채운 하루가 가장 강력한 생산성이다."

성과보다 지속을, 욕심보다 중심을 선택하게 만드는 것이 노후를 책임질 루틴의 진짜 힘이다.

루틴은 남의 것을 흉내 내서는 제대로 만들어지지 않는다.

어떤 사람은 아침 독서 20분이 하루의 스타터가 되고, 어떤 사람은 주식 차트를 보는 30분이 미래에 대한 감각을 깨워준다.

누군가는 향기로운 커피 한 잔 내리는 10분을, 또 다른 이는 일기 쓰기 20분을 마음 정리 의식으로 삼는다.

이처럼 하루 24개 서랍에 무엇을 넣을지는 당신의 생각과 취향, 내면의 호흡이 결정해야 한다.

루틴은 '누군가의 정답'을 따라가는 일이 아니라 '나만의 방식'을 세워가는 일이기 때문이다.

오늘의 실천 ─────────────────────────

오늘의 24개 서랍 중 '빈 서랍' 한 칸을 채워보자

- 공부의 서랍 : 관심 있는 주제에 대해 깊게 읽기

- 재정의 서랍 : 주식, 부동산 등 미래 감각을 깨우는 정보 수집

- 운동의 서랍 : 스트레칭, 맨몸 운동, 실내 자전거 등

- 정리의 서랍 : 거주 공간 또는 디지털 공간 한 곳 정리

- 관계의 서랍 : 친구, 옛 동료에게 안부 전하기

- 마음의 서랍 : 깊은 명상 또는 오늘의 감정 기록하기

핵심은 '양'이 아니다.

'의미 있는 한 칸을 스스로 채웠다'는 감각, 그 작은 감각이 쌓여 인생 후반전을 지탱하는 힘이 된다.

*

혼자 있는 시간이
'흔들리지 않는 마음'을 만든다

아침 9시.

한때 수십 통의 메일과 전화가 쏟아지던 그 시간에, 이제는 집 안의 냉장고 소리만 윙- 하고 작게 울린다.

손에 스마트폰을 쥐고 있지만 누구를 먼저 떠올려야 할지 막막하다.

문득 든 생각 하나.

"나는 이렇게 조용한 하루를 살아본 적이 있었던가?"

퇴직자들이 가장 먼저 느끼는 실질적 고충은 '고립감'이다.

의사들은 고립감을 흡연·비만보다 더 유해한 건강 위협 요인으로 꼽는다. 그 이유는 고립감이 우울, 불안은 물론 치매와 조기 사망률까지 끌어올리는 매우 치명적인 리스크이기 때문이다.

그러나 더 본질적인 문제는, 이 갑작스러운 고요를 어떻게 다뤄야 하는지 우리는 배운 적이 없다는 점이다.

퇴직 이전까지 수십 년 동안 우리는 너무도 자연스럽게 시간을 누군가와 나눠 쓰며 살아왔다.

삶은 늘 '함께'의 연속이었고, 그 덕분에 외로울 틈조차 없었다.

하지만 퇴직 이후의 시간은 완전히 다른 방향으로 흘러간다.

핸드폰에는 2천 명의 연락처가 있지만 하루 종일 벨이 울리지 않는 날이 많아진다. 초대받는 곳도 없지만 막상 가고 싶은 곳도 딱히 떠오르지 않는다.

바로 그럴 때, '혼자 있는 시간을 어떻게 다루느냐'가 퇴직 이후의 심리적 회복력을 결정한다.

정신분석학의 거장 도널드 위니컷은 말했다.

"혼자 있으면서도 평온할 수 있는 능력은 성숙의 핵심이다."

혼자 있는 시간은
'마음의 숨'이다

젊을 때는 일과 관계가 나를 지탱해 줬다.

바쁘게 움직이면 고민이 잦아들었고, 사람을 만나면 외로움을 잊었다.

그러나 퇴직 후에는 이전의 방식이 더 이상 통하지 않는다.

무작정 이 사람 저 사람을 만나도 마음이 채워지지 않는다.

하지만 이렇게 생각해보자.

호흡도 들숨만 있으면 숨이 막힌다. 반드시 내쉬는 시간이 있어야 다시 살아난다.

혼자 있는 시간도 그렇다. 그 시간은 외로움에 빠지는 시간이 아니라, 마음이 재충전되는 시간이다.

"혼자 있는 시간, 그게 저를 다시 세워줬어요."

심준호(62세)씨의 하루는 어느 날 갑자기 '멈춘 화면'처럼 정지해 있었다.

TV 소리로 집안을 채우고, 카톡 알림을 기다리다 해가 지면 목적지 없이 집 밖으로 나섰다.

그러면서도 그는 설명하기 어려운 감정을 느꼈다.

"혼자라고 느끼는 순간, 제 존재가 사라지는 것 같았어요."

그러다 아내가 여행을 떠난 어느 날, 그는 처음으로 스스로와 온전한 하루를 보냈다.

재료를 사다가 국을 끓이고, 방을 청소하고, 동네 서점을 둘러보고, 조용한 카페에서 책을 읽었다.

"혼자 있을 때 오히려 저의 내면이 성장한다는 것을 알게 되었어요."

심리학에서는 이런 힘을 '내적 자원(internal resources)'이라 부른다.

혼자 있을 때도 마음이 흔들리지 않게 버티는 '심리적 기초 체력'이다. 같은 고요함 속에서도 누군가는 외로움을, 누군가는 평온을 느끼는 이유가 바로 여기에 있다.

———

"혼자 있어도 괜찮아지는 법을 배웠어요."

송혜경(60세)씨는 두 딸을 독립시키고 난 후 익숙했던 집이 낯설 정도로 고요해졌다.

"라디오를 크게 틀어놓지 않으면 집이 너무 조용해서 숨이 막힐 정도였어요."

그러나 어느 날, 그녀는 혼자 있는 시간을 '두려움의 시간'이 아니라 '회복의 시간'으로 받아들이기로 결심했다.

그녀는 시간을 이렇게 채웠다.

바느질 공방 수업, 주 1회 영화 보기 등.

생각날 때마다 메모해두고, 다음 날 바로 실천했다.

몇 주가 지나자 혼자라는 침묵은 더 이상 적이 아니었다.

"혼자 있어야 제 마음이 가장 잘 들리더라고요. 이제는 혼자 있는 시간이 제일 풍요로운 시간이 됐어요."

철학자 파스칼은 말했다.

"인간의 불행은 홀로 고요히 방 안에 머물지 못하는 데서 시작된다."

혼자는 고립이 아니라 내면을 키우는 훈련의 공간이다.

혼자 지내는 힘을 키우는 기술

혼자 있는 시간은 나를 잃지 않게 붙잡아주는 방파제다.

감정이 요동칠 때, 외부 자극에 휘둘릴 때, 관계에서 지칠 때 자신과 잘 지내는 하루가 나의 일상을 든든히 지켜준다.

혼자 있는 힘을 키우는 세 가지 핵심 기술

1) 비워내기 – 외부 자극을 끊고 나와 연결되기

 TV, 유튜브, SNS, 카톡 알림을 잠시 끊는 것.

 침묵 속의 나와 마주하는 순간부터 회복이 시작된다.

2) 채우기 — 나를 위한 개인 작업 시간 갖기

 산책, 글쓰기, 독서, 취미, 명상, 간단한 청소.

 '혼자 하는 활동'이 마음 근육을 키워준다.

3) 머물기 — 불편한 감정도 함께 앉아 있기

외로움, 지루함, 막막함이 올라와도 도망가지 않고 잠시 머무르기.

'아 내가 지금 지루함을 느끼고 있구나.' 이렇게 마음을 그대로 인정하는 힘이 감정 회복탄력성을 만든다.

오늘의 실천 ────────────────────────

오늘 단 30분, 외부 자극을 모두 끄고 오롯이 혼자 머무는 시간을 마련하라.

스마트폰, TV, 대화를 잠시 멈추고 세상과의 연결을 끊는 시간이다. 그 30분 동안은 무엇을 하지 않아도 좋다.

그저 숨 소리, 생각의 흐름, 감정의 미세한 움직임을 가만히 바라보기만 해도 된다.

오늘의 30분이 쌓여, 내일의 안정, 그리고 모레의 평온이 된다.

조급함을 다루는 능력이
곧 삶의 품격이다

최근 만난 정신과 의사는 이렇게 말했다.

"퇴직을 앞둔 사람들은 저마다의 사연을 갖고 찾아오지만, 결국 한 지점에서 만납니다. 바로 '불안'이죠."

그는 불안을 이렇게 해석했다.

"불안은 마음 안쪽에서 일어난 일이고, 조급함은 그 불안이 밖으로 새어 나온 증상입니다. 평소에 하지 않을 판단을 하고, 돌아서면 후회하는 언행을 반복하는 이유가 바로 거기에 있습니다."

우리는 속도를 잃으면 기회를 잃는 시대를 살았다.

빠르게 배우고, 빨리 결정하고, 남보다 한발이라도 먼저 움직여야 뭔가를 손에 쥘 수 있었다.

조급함은 경쟁의 시대에서 살아남기 위해 필요한 에너지였다.

퇴직 이후의 시간은 완전히 다른 세계다.

여기서의 조급함은 속도를 높이는 기술이 아니라 중심을 잃는 시그널이다. 과거에는 무기였지만, 이제는 자신을 소모시키는 독으로 작용한다.

조급한 마음은 결과를 서두르게 하고, 과정을 불신하게 만든다. 게다가 조급함이 반복되면 관계는 예민해지고, 마음은 쉽게 흔들린다.

심리학의 석학 스탠포드대 월터 미셸 교수는 이렇게 강조했다.

"기다림을 연습한 사람만이 미래를 설계할 수 있다."

기다림은 성격이 아니라 기술이다. 그리고 이 기술은 퇴직 이후의 삶에서 '품격'이 된다.

———

"서두르지 않으니, 삶이 다시 정렬되기 시작했어요."

위재민(56세) 씨는 30년간 다닌 회사를 그만두고 작은 밀키트 가게를 열었다.

가게 문을 연 첫 주, 하루 손님은 열 명 남짓.

그의 머리는 매 순간 흔들렸다.

'메뉴를 바꿔야 하나? 가격을 내릴까?'

마음이 앞서가자 단 하루도 온전히 버티기 어려웠다.

그때 아내가 말했다.

"당신이 조급하면 될 일도 안 돼요. 우선, 오늘 할 일에만 최선을 다 해봐요. 그 이상은 내려놓고요."

그는 하루 매출 목표를 낮춰 잡고 그 이상은 '생각 금지' 규칙을 만들었다.

대신 그는 시간을 들여 고객 한 명 한 명에게 집중했다.

그렇게 6개월이 지나자 작은 변화가 생겼다. 단골이 늘고, SNS 에 '맛있는 가게'로 소개되기 시작했다.

"조급함을 내려놓고 나니까 오히려 매출도 오르고 모든 게 안정되더라고요."

조급함은 성장을 막는 '가짜 속도'일 뿐이다.

진짜 속도는 내 페이스를 지키는 꾸준함에서 나온다.

———

"기다림을 배웠더니, 불안이 줄었습니다."

보험회사를 그만두고 제과제빵을 배우기 시작한 이금주(55세) 씨를 괴롭힌 건 '늦은 시작'이 아니었다.

그녀를 무너뜨린 것은 끝없이 뒤를 잡아당기는 조급함이었다.

'내가 잘할 수 있을까?'

'가게를 낼 수는 있을까?'

그러던 어느 날, 함께 공부하던 후배가 말했다.

"언니는 조급해할 필요 없어요. 보험업계에서 이미 완성된 길을 걸어오셨잖아요. 저는 아직 아무것도 시작 못 했는데요."

그 말을 듣는 순간, 그녀는 스스로에게 묻기 시작했다.

'나는 왜 빨리 가려고만 했지?'

그녀는 결과를 향해 달리던 발을 잠시 멈추고, 과정 목표를 하나 만들었다.

'하루 1개 아이템 마스터하기'

몇 달이 흐른 후, 그녀는 이렇게 말했다.

"기다릴 수 있게 되니까 불안한 마음이 많이 줄었어요. 그리고, 내가 가야 할 길이 보이기 시작했어요."

기다림은 시간을 낭비하는 행위가 아니라 미래를 위해 내적 체력을 기르는 과정이다.

조급함을 이기는 가장 효과적인 전략

조급함을 버리면 삶이 느려지는 게 아니다.

삶이 정확해진다.

조급하면 실수는 늘고, 몸의 에너지는 빨리 소진된다.

반대로, 조급함을 제어하면 선택이 분명해지고, 감정의 진폭이 줄며, 일상이 안정적으로 정렬되기 시작한다.

이제는 '빨리'보다 '바르게'가 중요하다.

빨리 가는 사람보다 옆으로 새지 않는 사람이 오래 간다.

조급함을 이기는 3가지 기술

다음은 심리학에서 효과가 검증된 3가지 전략이다.

1. 결정 지연하기(Decision Delay)

   불안을 느낄 때 즉시 판단하지 않고 10분, 1시간, 또는 하루 정도 뒤로 미루는 기술.

   감정은 식고, 판단은 선명해진다.

2. 과정 목표 정하기(Micro Process)

   최종의 '결과 목표' 대신 세부적인 '과정 목표'를 설정한다.

   (예: 하루 한 페이지, 하루 20분 연습, 하루 한 통의 전화)

   작은 과정은 조급함을 잠재우고, 행동을 지속시킨다.

3. 자기 점검하기(Self- Check)

   "지금의 선택은 감정이 한 결정인가, 내가 내린 결정인가?"

   이 한 문장이 흔들리는 순간을 붙잡아준다.

오늘, 마음이 조급해지는 순간이 온다면 스스로에게 이렇게 말하라.

"잠깐, 10분 후에 다시 생각해 보자."

그 짧은 10분이 감정의 파도를 가라앉히고, 현실을 더 정확히 보게 해줄 것이다.

기다릴 줄 아는 사람만이, 오래 버티는 삶을 산다.

*
중심을 되찾은 사람은,
이제 '자기만의 결'을 만든다

가장 은밀하게 가장 깊게 당신을 무너뜨리는 것은 '비교'다.

젊은 날의 비교는 그나마 에너지원이 되었다.

'저 사람처럼 되고 싶다', '저 성과에 도달해야 한다'는 마음이 가야 할 방향을 제시했고, 당신을 높은 곳으로 밀어올리기도 했다.

그러나 50대 이후의 삶에서 비교는 전혀 다른 결과를 낳는다.

이미 쌓아온 속도도, 체력도, 인맥의 구조도, 가족의 사정도, 각자의 건강도 서로 다르다.

그런데도 우리는 젊을 때의 습관처럼 타인의 기준선을 가져와 나를 마구 재단한다.

그 순간 삶의 초점은 흐릿해지고, 자존감은 쉽게 무너진다. 비교는 나를 잃는 가장 빠른 방식이다.

비교는 왜 우리를 더 아프게 만드는가

사회심리학자 페스팅거는 '사회적 비교 이론'을 통해 "사람은 무의식적으로 타인과 자신을 비교한다"고 밝혔다.

문제는 중년 이후의 비교는 대부분 '상향 비교'라는 점이다.

비슷한 연배 중 가장 잘된 사람, 가장 부자인 사람, 가장 인정받는 자식을 둔 사람 등.

항상 위를 바라보는 비교는 절대로 만족을 줄 수 없다.

상담학에서는 비교를 '자기 약화 행동(self-weakening behavior)'이라고 부른다.

객관적 사실이 어떠하든, 비교는 자존감을 낮추고 감정의 균형을 깨뜨리기 때문이다.

철학은 더 명확하게 말한다.

마르쿠스 아우렐리우스는 일기에 이렇게 적었다.

"남의 인생을 들여다보는 일은 나 자신의 생을 갉아먹는 일이다."

타인의 삶은 내 통제 밖에 있다. 통제 불가능한 것을 기준 삼는 순간, 삶은 불안정해진다.

퇴직 이후의 삶은 '속도전'이 아니라 '내면전'이다.

외부 기준으로 평가받던 시대는 끝났다.

이제 중요한 기준은 단 하나다.

'나는 오늘 나답게 살았는가?'

나를 깎아내리는 비교를 멈추는 순간, 삶은 자기 자리로 돌아온다.

비교를 끊고 나에게 집중하는 3가지 기술

아래의 기술들은 단순한 '마음가짐'이 아니라, 훈련 가능한 행동 전략이다.

1) 자각(awareness) – "지금 나는 비교하고 있다."

비교는 대부분 무의식적이다.

따라서 가장 먼저 할 일은 비교가 시작된 순간을 알아차리는 것이다.

아래와 같이 마음속에서 자동으로 튀어나오는 말들을 포착해보자.

"저 사람은 벌써...."

"나는 왜 아직...."

"저 집은.... 우리 집은...."

이 문장들이 떠올랐다면, 비교의 회로가 작동한 것이다.

그 순간 이렇게 말해보라.

"지금 나는 타인의 기준으로 나를 판단하고 있다."

자각은 비교의 회로를 끊어내는 첫 번째 단추다.

2) 맥락 분리(context separation) - '조건의 차이'를 명확히 보기

비교는 '표면만' 보고 일어난다.

그러나 진짜의 삶은 표면이 아니라 맥락으로 이루어진다.

예를 들면, 건강 상태, 가족 구조, 돈의 쓰임, 인생의 목표, 관심과 가치 등. 이 모든 조건이 다른데 어떻게 똑같은 기준으로 비교할 수 있을까.

맥락을 보는 순간, 비교는 설 자리를 잃는다.

이것이 상담학에서 말하는 '관계적 거리두기(relational distancing)'다.

스스로에게 이렇게 물어보라.

"저 사람과 나는 출발점과 방향이 완전히 다른데, 왜 같은 선으로 재려 하는가?"

이 질문 하나가 비교의 집착을 크게 낮춘다.

3) 기준 재설정(reframing) - 남의 인생 대신 '나의 기준'을 세우기

비교를 멈추는 가장 강력한 방법은 나만의 기준을 만드는 것이다.

예를 들어

'누가 얼마 모았다'가 아니라 '내가 감당 가능한 지출 구조'

'남의 자식이 무엇을 이뤘다'가 아니라 '우리 가족의 성장 방식'

'누가 얼마나 오래 일했다'가 아니라 '내가 만족하는 노동의 형태'

기준을 내 쪽으로 가져오는 순간 삶은 안정된다. 심리학에서는 이를 '내적 준거 체계'라고 부른다. 내면의 기준으로 삶을 평가하는 사람은 외부 기준에 흔들리지 않는다.

"비교를 끊자, 마음이 돌아왔습니다."

홍세훈(61세)씨는 퇴직 다음 해에 가장 힘들었던 점으로 '친구들의 자산 이야기'를 꼽았다.

어떤 친구는 강남 아파트 두 채, 어떤 친구는 사업 성공...

만남 이후 며칠 동안 마음이 가라앉지 않았다.

상담사는 이렇게 말했다.

"비교는 남을 바라보는 일이 아니라, 결국 나를 판단하는 일입니다."

그 말 이후 그는 비교를 멈추기 위한 규칙을 만들었다.

친구들이나 옛 직장 동료들과의 만남 이후엔 반드시 10분 동안 '내 삶의 장점 5가지' 적기.

"내 인생의 좋은 점을 자꾸 쓰다 보니, 남을 향하던 시선이 내 삶의 중심 안으로 옮겨졌어요. 결국 중요한 건 나의 삶이고, 내 인생도 꽤 살 만하다는 걸 깨달았죠."

"자식 비교를 끊자, 나의 평온이 돌아왔습니다."

이점선(62세)씨는 오래전부터 자식의 성취가 곧 자신의 가치라고 믿으며 살아왔다.

아들이 명문대 입시에 실패했을 때, 딸이 대기업 대신 중소기업에 취업했을 때, 그녀는 매번 속으로 자신을 탓했다.

반면 세상은 계속 그녀를 흔들었다.

친구 아들은 의대에 갔고, 이웃의 딸은 로펌에서 일한다는 소식까지 들려왔다.

그럴 때마다 그녀의 마음은 어김없이 쿡- 하고 찔렸다.

"나는 어디에서 잘못된 걸까" 하는 자책이 습관처럼 따라붙었다.

그러던 어느 날, 저녁 식탁에서 무심코 이런 말이 흘러나왔다.

"동창 모임 나가면 자식 얘기가 절반이더라. 난 할 말이 없어서 …."

딸이 숟가락을 내려놓고 엄마를 바라보며 말했다.

"엄마는 저희를 비교하지 않으시잖아요. 그런데 왜 엄마 자신은 그렇게 남들과 비교하세요?"

그 말은 벼락처럼 그녀를 멈춰 세웠다.

자식이 못났기 때문이 아니라, 비교하는 마음이 자신의 삶을 옭아매고 있었다는 사실이 그제야 보였다.

상처는 자식에게서 온 것이 아니라, 남의 기준으로 자신을 재던 오래된 습관에서 비롯된 것이었다

비교에서 벗어나야
진정한 나의 삶이 시작된다

비교는 우리의 시간을 빼앗고, 감정을 흐린다.

그러나 그 비교의 회로를 끊는 순간, 삶은 전혀 다른 얼굴을 드러낸다.

비교를 멈춘 사람은 잃었던 방향을 회복하고, 타인의 시선이 아니라 내면의 기준을 되찾는다.

자기 삶의 주인이 되는 가장 확실한 길, 그것은 '비교하지 않을 권리'를 선언하는 데 있다.

스피노자는 말했다.

"자신의 본성에서 출발할 때 비로소 자유가 생긴다."

비교를 내려놓는다는 것은 세상을 외면하는 것이 아니라, 삶의

기준을 바깥이 아닌 나에게 두겠다는 단호한 결단이다.

그 결단이야말로 남과의 경주를 멈추고, 나와의 여정을 시작하게 하는 첫걸음이다.

오늘의 실천 ────────────────────────

오늘 단 한 번, 비교를 멈추는 연습을 해보라.

누군가의 성취, 재산, 건강, 자식, 삶의 속도를 보며 마음이 흔들리는 순간 이렇게 말하라.

"저건 그 사람의 기준일 뿐, 나는 나의 길을 간다."

그리고 다음 중 하나만 실천하라.

– 나의 기준 1개 다시 세우기
– 오늘 잘한 일 1가지 기록하기
– 비교를 일으키는 만남·SNS·대화 1개 줄이기

당신이 내린 이 작은 선택 하나가 인생 후반전의 평온과 중심을 지켜주는 첫 기술이 된다.

6장
다시 배우는 사람의 운명은
달라진다

다시 배우는 순간, 인생은 다시 열린다

쓰는 사람만이 남는다

표현하는 순간, 배움은 완성된다

내 안의 전문가 한 사람을 키워라

내가 걸어온 길을 누군가에게 나눠보라

✱
다시 배우는 순간,
인생은 다시 열린다

언젠가부터 '새로운 걸 배운다'는 말 앞에서 마음이 한없이 작아지기 시작했다.

기술은 미친 듯이 진화했고, 세상은 내가 익숙하던 질서를 아무렇지 않게 갈아치웠다. '배움은 젊은 사람들의 영역'이라는 보이지 않는 울타리가 마음속에 그어졌다.

그러나 멈춰 있는 쪽이 더 무서웠다.

변화는 쉬지 않고 걸어오는데, 멈춰 선 건 나 혼자였으니까.

그제야 깨달았다. 배움은 생존이 아니라, '무너진 정체감'을 다시 일으켜 세우는 힘이라는 것을.

다시 배우는 건 용기다.

왜냐하면 배움 앞에서는 나이도, 경력도, 체면도, 자존심도 잠시 내려놔야 하기 때문이다.

'나는 아직 배우는 사람이다.'

이 말을 스스로에게 인정하는 순간, 사람은 묘하게 다시 살아
난다.

주변을 보면 이런 '용감한 어른들'을 얼마든지 발견할 수 있다.

- 명퇴한 경영대 교수가 전문대 디자인과에 입학
- 대기업 임원이 목공예 장인 도전
- 3급 공무원이 글쓰기 초급반에서 원고지 한 장 채우기 중

이들도 두려움이 없었던 건 아니다.

다만 그 두려움을 넘는 순간, 삶이 다시 열린다는 사실을 먼저
경험했을 뿐이다.

———

"유튜브를 편집하면서 제 인생도 재편집했죠."

희망퇴직 후 무력감에 빠진 남길현(57세)씨.

하루는 너무 길었고, 의미는 너무 더디게 흘렀다.

그러던 어느 날 아내가 링크 하나를 툭 보내왔다.

무료 유튜브 과정 모집.

"내가 뭘 찍어, 뭘 편집해....."

처음엔 비웃었지만, 바로 그 비웃음이 스스로를 초라하게 만들
었다.

그는 신청서를 냈다.

편집 프로그램을 다루고, 촬영 구도를 익히고, 카메라 앞에서 자기소개를 하다가 목이 메던 초보자가 지금은 '중년 브이로그'를 비공개 계정에서 몰래 운영 중이다.

"편집은 영상만 다듬는 게 아니더라고요. 제 삶 자체가 다시 '편집 가능'해졌다는 느낌이 들었어요. 제가 다시 살아 있다는 느낌이 들었죠."

배움은 기술의 문제가 아니다.

멈춰 있던 나를 다시 미래 쪽으로 밀어 올리는 숨은 엔진이다.

"새로운 걸 배우고 나서 부활 체험했습니다."

염미순(55세)씨는 남편과 비슷한 시기에 퇴직했다.

하지만 남편은 무료함을 견디지 못해 다시 취업했고, 그녀의 하루는 더욱 비어갔다.

그러다 주민센터 '디지털 문해 교육'을 듣게 되었다.

스마트폰 기능부터 시작해 SNS, 챗지피티까지.

"그 시간만큼은 제가 세상과 여전히 연결된 사람이라는 게 느껴졌어요."

지금 그녀는 그 강좌의 보조강사가 되어 다른 중년들에게 디지털을 가르치고 있다.

"배우는 순간, 저는 다시 살아 있었어요."

배움은 사람을 다시 '삶의 현장'으로 데려오는 가장 확실한 초대장이다.

배움 앞에서 가장 무서운 건 '세상'이 아니라 '나 자신'이다

허기태(60세)씨는 퇴직 후 고향으로 내려가 아내와 작은 카페를 열었다.

메뉴도, 응대도, 동선도 낯설어 늘 위축됐다.

그래서 바리스타 기초 과정을 듣기 시작했다. 처음엔 온통 외계어 같았지만, 어느 순간 커피의 세계가 그의 마음에 스며들었다.

강사의 말 한마디가 그를 뒤흔들었다.

"가장 배우기 좋은 시점은 바로 지금입니다."

그는 매일 커피를 내렸고, 새로운 기술을 익히며 자신감이 차곡차곡 쌓였다.

"이젠 제 커피만 마시러 오는 손님도 생겼어요. 늦게 배웠지만, 늦게 배운 것들이 제 삶을 바꿨어요."

"영원히 살 것처럼 배워라"

배움 앞에서 가장 큰 적은 '나는 늦었다'는 착각이다.

용기란 그저 이렇게 말하는 일이다.

"그래. 난 다시 배워 볼 거야."

배움은 나이를 먹지 않는다

삶은 금방 익숙해지고, 익숙함은 금방 지루함이 되고, 지루함은 어느 순간 불안이라는 얼굴로 나타난다.

그래서 우리는 멈출 수 없다.

배움은 우리를 다시 '현재'로 불러내는 가장 효과적인 방법이다.

마하트마 간디는 말했다.

"내일 죽을 것처럼 살고, 영원히 살 것처럼 배워라."

늦은 게 아니다. 아직 시작하지 않은 것뿐이다.

오늘, 아주 작은 '첫 배움'을 하나 선택하라.

길게 할 필요 없다. 첫날은 10분이면 충분하다.

- 사진 보정 첫 단계

- 유튜브 편집 첫 컷 자르기

- 영어 문장 3개

- 글쓰기 한 문단

- 커피 한 잔 직접 내려보기

- 스트레칭 5가지

- 드로잉 기초 선 긋기

- 집 근처 나무 이름 찾아보기

무엇이든 좋다. 단 하나, 어제의 나에게 없던 행동이면 된다. 다시 배우는 순간, 오늘의 삶은 아주 미세하게 -그러나 확실하게- 방향을 틀기 시작한다.

✷
쓰는 사람만이 남는다

50대가 되면 많은 사람들이 비슷한 말을 한다.

"책이 예전처럼 잘 읽히지가 않아요. 읽어도 금방 잊어버리고 요."

노안 탓이라며 웃어넘기기도 하지만, 사실 이 문제는 나이 때문만이 아니다. 젊을 때도 책을 읽고 나면 머릿속이 횅한 경험들 있지 않은가.

많이 읽었는데도 남는 게 없던 허무함은 나이와 무관한 인간 공통의 경험이다.

왜일까?

뇌과학은 이렇게 답한다.

"읽기는 지나가는 것이고, 쓰기는 머무르는 것이다."

눈으로 읽는 건 정보가 스쳐 지나가는 일이고, 손으로 쓰는 건 정보가 머물 자리를 만드는 일이다.

쓰지 않으면 잊히고, 적어야 남는다.

그리고 여기서 말하는 '쓴다'는 건 전문가적인 글쓰기가 아니다.

- 독서 노트 몇 줄

- 오늘 하루를 돌아보는 단상 두 줄

- 누군가에게 보내는 짧은 감사 메시지 한 문장

이런 '사소한 기록'이 우리의 내면을 다시 열고, 생각을 붙잡고, 감정을 정리한다.

사는 건 결국 남이 한 말을 따라가는 일이 아니라, 내가 나에게 써준 문장을 따라가는 일이다.

여행작가 앤 래멋은 말했다.

"적어야 배운다. 글로 쓰지 않은 것은 금세 잊어버린다."

책은 머리로 읽지만, 삶은 손끝으로 배운다. 손끝에서 나온 문장이 삶의 방향을 제시해 주곤 한다.

———

"쓰다 보니 내가 누구인지 보였어요."

나수현(57세)씨는 3년째 독서 모임에 참여하고 있다.

어느 날 리더가 말했다.

"읽기만 하지 말고, 한 문장이라도 써봅시다."

그녀는 그때부터 책을 덮기 전 독서노트에 조금씩 적기 시작했다.

"오늘 읽은 글이 나의 삶에 어떻게 다가왔는가?"

질문에 대한 짧은 답.

그렇게 쌓인 글을 다시 읽어보니, 그건 책의 기록이 아니라 '나의 기록'이었다.

"쓰다 보니 요즘 내가 뭘 고민하는지, 어떤 삶을 원하는지가 글 속에 다 있더라구요."

텍사스대 심리학과의 제임스 페니베이커 교수는 수십 건의 연구를 통해 이렇게 결론냈다.

"쓰는 행위는 감정을 회복시키고, 생각을 명확히 하며, 사람을 더 강하게 만든다."

읽는 것이 출발이라면, 쓰는 것은 내가 나에게 답을 주는 완벽한 마무리다.

———

"글을 쓰면서 인생도 정리됐어요."

신재후(59세)씨는 공무원 퇴직을 앞두고 공로연수 중이다.

그는 마음이 가장 혼란스러웠던 시기에 노트북을 열고 '그냥 떠오르는 것'을 적기 시작했다.

처음엔 두세 줄.

다음날은 네 줄.

어떤 날은 전혀 못 썼지만, 또 어떤 날은 페이지가 넘어갔다.

그 몇 줄이 자신도 몰랐던 자신의 마음을 여는 열쇠가 되었다.

"쓰다 보니 내가 어떻게 살아왔는지, 어떤 경험을 통해 성장해 왔는지, 앞으로는 또 어떻게 살고 싶은지. 제 자신이 점점 선명하게 보이더라고요."

지금 그는 SNS에 매일 짧은 글을 올린다.

'좋아요'는 부수적일 뿐, 쓰는 행위 자체가 하루를 정리하는 의식이 되었다.

처음 쓰는 사람을 위한
'겁 안 나는' 글쓰기 - 10가지 팁

막상 쓰려고 하면 손이 멈출 때가 있다. 그럴 때는 아래의 10가지 원칙을 기억해보라. 이 원칙은 글을 '잘 쓰는 법'이 아니라 '계속 쓰게 만드는 법'이다

1. 처음부터 잘 쓰려 하지 말 것

  첫 문장은 원래 엉성하다. 기계가 아니라 사람이기 때문이다.

2. 분량 욕심 버리기

글쓰기는 '양'이 아니라 '등판'이 중요하다.

3. 일기처럼 쓰지 않아도 된다

오늘 마음에 걸린 문장 하나 써도 이미 '글'이다.

4. 누구에게 보여줄 필요 없다

독자를 의식하는 순간 글은 굳는다. 글은 '나에게 보내는 메시지'다.

5. 주제가 매일 달라도 좋다

오늘 떠오른 것부터 쓰면 된다. 인생도 매일 바뀌지 않는가?

6. 문장을 완성하려 하지 말 것

단어 몇 개만 적어도 생각의 방향이 결정된다.

7. 도구를 가리지 말 것

노트와 펜, 휴대폰, 영수증 뒷면- 도구는 중요하지 않다. '적는 것'만 중요하다.

8. 비교하지 말 것

글은 달리기가 아니다. 당신만의 속도와 목적지가 있다.

9. 감정이 스칠 때 바로 적기

그 순간 적은 글이 가장 당신답다.

10. 기록이 쌓이면 반드시 삶이 보인다

오늘의 조각 글이 내일의 통찰이 된다.

글쓰기는 재능이 아니라 작은 반복이 만든다.

어제의 나에게 없던 글들이 쌓이면, 그건 이미 어제와 다른 새로운 삶이 시작되었음을 의미한다.

오늘의 실천 ──────────────────────────────

오늘 잠들기 전, 단 몇 줄만 적어보라.

형식은 없다. 부담도 없다.

- 오늘 나를 멈춰 세운 감정 하나

- 오늘 깨달은 사실 하나

- 문득 떠오른 생각 한 조각

- 누군가에게 들은 말 중 마음에 남은 한 문장

문장이 안 떠오르면 단어만 적어도 된다. 오늘 본 풍경을 몇 문장으로 설명해도 좋다.

오늘 그 문장들이 내일의 당신을 슬며시 바꿔놓는다.

＊
표현하는 순간,
배움은 완성된다

배움은 머릿속에만 두면 금세 증발한다.

읽을 때는 알 것 같다가도 며칠만 지나면 "내가 뭘 배운 거였지?" 하고 멍해지는 이유가 바로 이것이다.

배움은 입 밖으로 나오는 순간부터 제 자리를 잡는다.

말로 설명하고, 글로 적어보고, 누군가에게 짧게라도 나누는 그 작은 시도가 흩어진 지식을 붙잡아 '나의 언어'로 묶어준다.

여기서 말하는 '표현'이란, 프로페셔널한 발표나 형식을 갖춘 글쓰기가 아니다.

오늘 배운 것을 한 문장으로 요약해보는 것, 메모장에 핵심 단어 몇 개 적어보는 것, 가족에게 "오늘 이런 걸 알게 됐어" 하고 말해보는 것.

이 모든 것이 '표현'이다.

50대 이후의 배움은 '얼마나 아느냐'가 아니라 '내가 아는 것을 어떻게 꺼내어 말하느냐'가 결정한다.

교육학에서는 이것을 '능동적 학습(Active Learning)'이라 부른다. 듣고 이해하는 단계를 '입력', 말하고 정리하고 설명하는 단계를 '소화'라고 부르는데, 이 소화 과정이 없는 배움은 머릿속을 떠다니는 먼지와도 같아서 제 자리에 안착하기 힘들다.

배운 것을 표현한다는 행위는 배움을 진짜 내 것으로 만드는 핵심 공정이다.

_____

"설명하다 보니, 난생처음 내 생각이 보였어요"

박만호(62세)씨는 퇴직 후 캘리그라피를 배우기 시작했다. 멋진 글씨체를 갖고 싶다는 단순한 이유였다.

그러던 어느 날 강사가 말했다.

"오늘 쓴 글씨를 짧게 설명해 보세요."

처음엔 당황스러웠다.

하지만 조심스레 말을 꺼내보았다.

"아, 저는 너무 정교하게 잘 쓰려고 해서 그런지, 글씨에 여유를 찾아볼 수가 없어요. 얘네들이 숨을 잘 못 쉬고 있는 것 같아요."

강사는 웃으며 고개를 끄덕였다.

"맞아요. 글씨는 마음을 따라가거든요."

그는 그 순간 깨달았다.

"캘리그라피를 배우고 있었는데, 말하고 보니 내 마음을 배우고 있더라고요."

표현은 단순한 말하기가 아니라, 자기 이해가 확장되는 순간이었다.

"하루 10분 말해봤을 뿐인데 배움이 달라졌어요"

윤성희(58세)씨는 책을 많이 읽었다.

그런데 문제는, 읽고 나면 거의 다 잊힌다는 것.

그러던 어느 날 딸이 말했다.

"엄마, 오늘 읽은 것 중에 하나만 말해줘요."

그날 이후 그녀는 하루 10분, 식탁에서 그날 읽고 배운 것을 짧게 말해보기 시작했다.

놀랍게도, 그 10분이 독서의 질을 완전히 바꾸어 놓았다.

"말하는 순간, 무엇을 이해했고 놓쳤는지가 바로 보이더라고요. 책을 읽는 게 아니라, 책을 '내 삶으로 가져오는' 기분이었어요."

표현은 누군가에게 보여주기 위한 기술이 아니라, 배운 내용을 내 것으로 바꾸는 가장 빠르고 효과적인 방법이었다.

왜 50대 이후에는 '표현'이 핵심인가

입력(읽기/듣기)만으로는 절대 쌓이지 않는 것들이 있다.
표현은 다음과 같은 다섯 가지 변화를 만든다.

1. 표현은 기억을 오래 붙잡는다.

   말하거나 적은 내용은 '장기기억'으로 저장된다.

2. 표현은 배움의 방향을 정확히 잡아준다.

   말해보는 순간, 내가 이해한 것과 이해하지 못한 것이 분명해
   진다.

3. 표현은 정체성을 회복한다.

   자신의 언어로 설명하는 사람은 '나는 어떤 생각을 가진 사람
   인가'를 스스로 확인한다.

4. 표현 능력은 곧 관계 능력이다.

   정리된 말 몇 마디가 사람 사이를 잇는 다리가 된다.

5. 표현은 전문성의 첫 단계다.

   설명하는 순간 틀이 잡히고, 그 틀이 반복되면서 실력이 된다.

50대 이후의 배움은 지식을 채우는 것이 아니라 지식을 나의
언어로 꺼내는 능력에 달려 있다.

오늘의 실천 ──────────────────────────────

오늘 배운 것(읽었거나 들은 것) 중 가장 마음에 남은 한 대목을 골라 표현해보자.

– 가족에게 30초 동안 말하기

– 휴대폰 메모에 몇 문장 쓰기

– 친구에게 "오늘 나는 이런 걸 배웠어" 카톡 보내기

– 스스로에게 음성 메모 남기기

형식은 상관없다. 중요한 건 표현하는 그 순간, 배움은 당신의 것이 된다는 사실이다.

표현하지 않은 배움은 사라지고, 표현한 배움은 누적된다.

내 안의 전문가 한 사람을 키워라

우리가 이번 꼭지에서 말하는 '전문가'는 세상의 정의와 조금은 다르다.

자격증을 따거나, 학위를 받거나, 남들 앞에서 강의를 하는 그런 전문가가 아니다.

여기서 말하는 전문가는 '내가 조금 더 알고, 조금 더 즐기고, 조금 더 오래 해보고 싶은 분야를 가진 사람'이다.

딱 그 정도다.

그래서 말하자면, 전문가가 되라는 게 아니라 '내 안의 작은 전문가 한 사람을 깨워보자'는 뜻에 가깝다.

아주 작게 시작해도 된다.

남들보다 뛰어나지 않아도 된다.

그저 어제보다 오늘 한 발짝만 더 깊어지면 그건 이미 당신 안에서 자라는 '전문가'다.

심리학에서는 이를 '주체적 정체성의 회복(Identity Restoration)'이라고 부른다.

무언가에 몰입하고, 꾸준히 배우고, 깊어지는 과정에서 사람은 자연스럽게 '나는 지금도 성장하는 사람'이라는 감각을 되찾게 된다. 이는 자기 효능감은 물론 행복 지수까지 끌어올린다.

이제부터의 전문성은 남에게 보여주기 위한 성취가 아니다. 내 삶을 다시 가동시키는 가장 가벼운 시동 버튼이다.

평범한 아저씨에서 '다육이 박사님'으로

한민성(54세)씨는 건강 문제로 이른 퇴직을 하고 아무것에도 의욕이 없었다.

그러다 선물 받은 다육이 화분 하나가 모든 걸 바꿨다.

"처음엔 그냥, 물 주는 맛이 좋았어요."

그런데 어느 날, 그는 자신이 양재동 꽃시장에서 흙의 종류를 논하고 있음을 깨달았다.

그렇게 다육이 하나, 둘 들이다 보니, 어느새 집은 초록 숲이 되었고 마음도 함께 푸르게 자랐다.

1년 뒤, 친구들은 그를 이렇게 부른다.

"다육이 박사님."

그는 말한다.

"반려식물을 키운 게 아니라, 결국 제 마음을 키운 거였더라고요."

전문성은 이렇게 온다.

거창하게 온 게 아니라 재미 하나에서 시작되었다.

요리를 배우면서 삶의 활력이 돌아왔다

퇴직과 이혼을 동시에 겪은 최정훈(61세)씨.

아들마저 군입대해서 홀로 살게 된 그를 가장 힘들게 하는 건 다름 아닌 '하루 세 끼'였다.

라면, 냉동식품, 배달음식으로 버티는 것도 한계에 도달했다.

"이대로 살다간 금방 무너지겠구나."

그때부터 그는 '요리 배우기'를 시작했다.

처음엔 계란 프라이조차 제대로 뒤집지 못했지만 매일 하다 보니 육수 내는 법, 재료 손질, 맛의 균형 같은 것들이 하나둘 이해되기 시작했다.

"배울수록 재밌더라고요. 그리고 요리는 하면 할수록 달라지잖아요. 그 작은 변화가 너무 좋았어요."

휴가 나온 아들은 말했다.

"아빠가 요리를 배우고 난 뒤, 사람이 달라졌어요."

아들의 권유로 '아빠의 요리'라는 주제로 유튜브 채널도 운영해 볼 생각이다.

요리는 누군가에게 '그냥 밥 짓는 일'이지만 그에게는 삶을 재가동시키는 새로운 전문 영역이었다.

전문성은 이렇게 자란다: 세 가지 조건

퇴직 이후의 전문성은 다음 세 가지 조건만 충족하면 된다.

첫째, 남다른 애정

이유를 설명할 수 없어도 좋다. '그냥 좋아서' 또는 '더 알고 싶어서' 정도면 충분하다.

둘째, 꾸준히 해보고 싶은 마음

한 번이 아니라 두 번, 두 번이 아니라 계속 하고 싶은 마음이 들어야 한다.

셋째, 삶에 적용하기

배운 것을 썩히지 않고 바로 써먹을 수 있는 분야.

식물, 요리, 주식, 사진, 운동, 요가, 글쓰기— 그 무엇이든 상관없다. 전문성은 능력으로 시작되는 게 아니라 관심과 지속성, 그리고 쓰임새로 완성되는 것이다.

궁극적으로 지녀할 것은 '난 이 분야에 대해서 조금 더 깊게 알고 있다'는 내적 자존감이다.

그 자존감이 인생 후반부의 든든한 버팀목이 되어줄 것이다.

오늘의 실천 ——————————————————————

오늘, 이 세 가지 질문 중 마음을 가장 세게 건드린 한 가지를 골라보자.

- 지금 내가 유난히 좋아하는 것은 무엇인가?

- 꾸준히 파고들고 싶은 분야는 무엇인가?

- 내 삶을 풍요롭게 해줄 작은 세계는 무엇인가?

그 한 가지에 단 30분만 시간을 써보라.

검색을 하든, 관련 책을 읽든, 영상 하나를 보든, 무엇이든 괜찮다. 30분은 작지만, 삶을 다시 여는 데 충분한 문이다.

전문성은 나를 묶어두는 단어가 아니라, 나를 더 넓게 만드는 힘이다. 오늘 마음에 들어온 그 한 분야가 앞으로 남은 당신의 시간을 놀랍도록 풍성하게 만들어줄지 모른다.

✳
내가 걸어온 길을 누군가에게 나눠보라

나이가 들수록 우리는 한 가지 질문 앞에 오래 머무르게 된다.

'내가 걸어온 길은 대체 어떤 의미였을까.'

그런데 삶을 깊이 들여다보면 한 가지 사실을 깨닫게 된다. 우리는 스스로의 시간을 과소평가하고, 타인의 시간을 과대평가한다는 사실을.

하지만 누군가에게 진짜 힘이 되는 건 드라마 같은 성공담이 아니다.

막막했던 하루를 어떻게 버텼는지, 넘어졌을 때 무엇을 붙잡고 일어섰는지에 담긴 조용한 이야기들이다.

그래서 우리는 이야기를 나눌 때 가르치기 위해서도, 자랑하기 위해서도 말하지 않는다.

그저 조심스레 이렇게 말할 뿐이다.

"나는 이렇게 지나왔습니다."

그 한마디면 충분하다.

그 짧은 문장이 누군가에게는 길이 되고, 누군가에게는 숨이 되고, 누군가에게는 다시 시작해도 되겠다는 용기가 된다.

'이렇게 넘어졌고 이렇게 일어섰다'면
충분하다

노스웨스턴대 심리학과의 댄 맥애덤스 교수는 말한다.

"우리는 살아온 이야기를 해석하는 방식으로 스스로를 만든다."

그리고 그 이야기를 누군가에게 건네는 순간, 내 삶은 '하나의 경험'을 넘어 '누군가에게 쓰임이 되는 이야기'로 확장된다.

우리는 대단한 조언을 나누는 것이 아니다.

흔들리던 날의 작은 습관 하나, 실패를 버티게 해준 한 문장, 길을 돌리게 했던 결심, 다시 살아보게 만든 깨달음—

이 조각들이 모여 한 사람의 인생이 되고, 그 조각들이 다른 사람에게 건너가는 순간 우리는 '더불어 산다'는 감각을 되찾는다.

"나처럼 헤매는 후배들에게 들려주고 있어요"

안상수(57세)씨는 IT기업에서 퇴직했다.

몸도 마음도 지쳐 '이제 뭘 더 할 수 있을까'라는 막막한 감정에 잠겨 있던 어느 날, 직장 후배한테서 연락이 왔다.

"선배님, 이제 정말 버티기 힘드네요. 선배가 없으니 얘기할 사람도 없어요."

그 짧은 대화를 계기로 그는 깨달았다.

'내가 걸어온 길이 누군가에게 정말 필요한 경험일 수 있겠구나.'

그는 후배 두세 명과 작은 모임을 만들었다.

화려한 수사의 조언은 없다.

그저 자신이 지나온 직장생활의 굴곡, 조직문화의 벽 앞에서 주저앉았던 날들, 퇴직 후 다시 삶을 짜 맞추기까지의 여정을 담담히 들려줄 뿐이다.

후배들은 말한다.

"선배님 얘기 듣고 나니까 마음이 좀 가라앉네요. 앞으로 뭘 어떻게 해야 할지 힌트를 얻었어요."

"저만 그런 줄 알았는데, 선배님도 그런 시간이 있었군요. 큰 위로가 됐어요."

그리고 어느 날 후배가 조심스레 말했다.

"선배님 이야기, 더 많은 사람들이 들으면 좋을 것 같아요."

그 말이 계기가 되어 그는 지금, 자신의 블로그에 매주 원고를 업로드하고 있다.

"그냥 나의 사소한 이야기라고 생각했는데, 누군가에게는 숨통이 트이는 이야기였더라고요."

"내 실패담이 누군가에겐 진짜 지도였어요"

정철규(62세)씨는 40년 가까이 외식업에 몸담았다.

성공과 실패를 반복했고, IMF · 메르스 · 조류독감 · 코로나까지 외식업계가 맞닥뜨린 거의 모든 폭풍을 통과했다.

"별로 내세울 건 없어요. 그냥 버텼을 뿐이에요. 오래 버틴 사람 중 한 명이죠."

그런데 어느 날부터 여러 지인들이 찾아와 물었다.

"형님, 저 이런 창업 알아보고 있는데, 될까요?"

"지금 가게 접어야 할까요?"

"직원 관리는 어떻게 하셨어요?"

처음엔 스쳐 지나가는 질문이라 생각했다.

하지만 이야기를 나눌수록 마음이 움직였다.

"이들에게 정말 필요한 이야기구나."

그는 예비 창업자와 외식업 종사자들에게 화려한 '비법' 대신, 자신이 몸으로 겪어낸 삶의 기술을 들려준다.

외식업 운영 노하우, 하루 매출에 흔들리지 않는 마음, 불황을 버티는 법 등.

"나는 그냥 살아온 대로 말했을 뿐인데, 듣는 사람들은 거기서 자기 길을 찾아가더라고요."

그의 분투기는 누군가에게 정확한 나침반이 되었다.

내 이야기를 나누는 일은, 누군가를 돕기 전에 먼저 '나'를 살리는 과정이었다.

사람은 자신의 이야기를 말할 때, 자신이 살아온 모든 순간을 정직하게 마주하는 법을 배운다.

'나는 이렇게 살아왔구나.'

이 단순한 깨달음이 인생 후반부를 놀라울 만큼 평온하게 만든다.

그리고 누군가에게 건넨 작은 이야기 하나가 그 사람의 삶을 완전히 바꿀 수도 있다.

내가 지나온 어둠은, 누군가에게는 길을 밝혀주는 등불이 된다. 삶이란 결국, 서로가 서로에게 남기는 작은 흔적들로 이어진다.

당신이 걸어온 길을 누군가에게 나누는 일은 인생 후반부의 가장 따뜻한 배움이자, 가장 인간적인 유산이다.

오늘의 실천 ────────────────────────────

오늘 단 한 사람과라도 마주 앉아 차 한 잔을 사이에 두고 이렇게
말해보자.

"나는 이렇게 살아봤어."

한 문장이어도 되고, 열 줄이어도 된다.

당신의 그 말 한마디는 누군가에게는 빛이 되고, 누군가에게는 방
향이 되고, 누군가에게는 새로운 용기의 시작이 될 것이다.

오늘을 조금 더 다정하게 사는 일

나이가 들수록 우리는 자연스럽게 '마지막'이라는 단어를 떠올리게 된다.

하지만 그것은 삶을 두려워하라는 메시지라기보다, 남은 시간을 더 소중히 바라보라는 따뜻한 권유에 가깝다.

마지막을 생각한다는 건 어둠을 응시하라는 뜻이 아니라, 오늘을 더 또렷하게 살아보자는 제안이다.

시간은 누구에게나 같은 속도로 흐른다.

그러나 그 시간을 어떤 마음으로 맞이하느냐는 사람마다 다르다.

퇴직 이후의 지혜는 '얼마나 오래 사는가'보다 '하루를 어떻게 대하는가'에 있다.

남기고 싶은 말, 전하지 못한 마음, 미뤄두었던 생각들.

특별한 날을 기다릴 필요는 없다.

지금부터 천천히 꺼내 보고, 매만져 보고, 조금씩 실천해도 충분하다.

　마지막을 준비한다는 것은 무언가를 정리하고 떠날 채비를 하는 일이 아니라, 지금의 하루를 조금 더 정성스럽게 돌보는 일인지도 모른다.

　오늘의 선택을 돌아보고, 고마운 사람에게 한마디 더 건네고, 내가 어떤 마음으로 살아왔는지를 가만히 들여다보는 시간.

　그 과정에서 우리는 알게 된다.

　유산이란 위대한 무엇이 아니라, 내가 세상을 대했던 태도와 사람을 향했던 마음이라는 사실을.

　어떤 기대로 하루를 열었는지, 어떤 표정으로 사람을 만났는지, 어떤 마음을 나누며 살아왔는지. 그 모든 것이 쌓여, 결국 한 사람의 삶을 말해준다.

　그래서 오늘을 의식하는 사람은 조금 더 천천히, 조금 더 다정하게 하루를 살아간다.

　퇴직 이후의 삶은 무엇보다 '현재'를 아껴야 할 시간이다.

　이제는 남은 시간을 계산하기보다, 지금의 시간을 따뜻하게 채워가도 되는 때다.

　그 채움은 크지 않아도 괜찮다.

　오늘의 나를 조금 더 이해하고, 받아들이고, 세상과 조화를 이룰 수 있다면 그것만으로도 충분하다.

　이 책이 당신 곁에 놓인 작은 등불 하나가 되었으면 한다.

앞으로의 하루가 지금까지보다 조금 더 가볍고, 조금 더 온기 있게 이어지길 바란다.

그렇게 살아낸 하루하루가 모여, 당신만의 멋진 히스토리가 될 테니까.

하우석

혼들리지 않는 인생 후반을 위한 설계서
퇴직 후 50년

초판 1쇄 발행   2026년 1월 10일

지은이   하우석

펄친이   곽철식
펴낸곳   다온북스

마케팅   박미애
편 집   김나연
디자인   박영정

인쇄   영신사

출판등록   2011년 8월 18일 제311- 2011- 44호
주소   경기도 고양시 덕양구 향동동391 향동·dmc플렉스데시앙 ka1504호
전화   02- 332- 4972   팩스   02- 332- 4872
전자우편   daonb@naver.com

ISBN   979-11-93035-97-9 (03400)